教育部高等农林院校理科基础课程
教学指导委员会推荐示范教材

普通高等教育农业部“十三五”规划教材

高等农林教育“十三五”规划教材

线性代数

Linear Algebra

第2版

惠淑荣　丰　雪　张万琴　主编

U0951629

中国农业大学出版社
·北京·

内 容 简 介

本教材是按照高等农林院校线性代数教学大纲，并在原教育部高等农林院校理科基础课程教学指导委员会推荐示范教材《线性代数》（惠淑荣、张万琴主编）基础上重新组织编写的。

全书内容包括行列式、矩阵、向量组的线性相关性与矩阵的秩、线性方程组、相似矩阵与二次型。本次编写力求以较为近代的数学思想统一处理有关内容，兼顾了适用性和通用性。全书涵盖了考研数学考试大纲有关线性代数的所有内容，习题按照小节配置，题型多、题量大，书后附有答案。为了便于学生检查学习情况，全面复习和巩固所学内容，在每章后附有自测题，以便读者深入理解，开拓思维。每章最后新增加了应用题，用 Matlab 软件解决对应章节的线性代数问题，开阔了学生的视野，有利于学生运用所学数学知识解决实际问题，增强实践动手能力。

读者在学习本书的过程中应着重掌握线性代数的基本理论、基本方法和基本技能。通过对书中理论、方法、例题、习题的学习，结合自己的经验，全面掌握线性代数这门课程。

图书在版编目(CIP)数据

线性代数/惠淑荣，丰雪，张万琴主编. —2 版. —北京：中国农业大学出版社，2018.1（2025.1 重印）

ISBN 978-7-5655-1972-7

Ⅰ. ①线… Ⅱ. ①惠…②丰…③张… Ⅲ. 线性代数-高等学校-教材 Ⅳ. O151.2

中国版本图书馆 CIP 数据核字(2017)第 320699 号

书　　名 线性代数 第 2 版
作　　者 惠淑荣 丰 雪 张万琴 主编

策划编辑 张秀环　　**责任编辑** 韩元凤
封面设计 郑 川
出版发行 中国农业大学出版社
社　　址 北京市海淀区圆明园西路 2 号　　**邮政编码** 100193
电　　话 发行部 010-62818525，8625　　读者服务部 010-62732336
编辑部 010-62732617，2618　　出 版 部 010-62733440
网　　址 http://www.caupress.cn　　**E-mail** cbsszs@cau.edu.cn
经　　销 新华书店
印　　刷 涿州市星河印刷有限公司
版　　次 2018 年 2 月第 2 版　2025 年 1 月第 3 次印刷
规　　格 787×1 092　16 开本　9.5 印张　230 千字
定　　价 26.00 元

第2版编写人员

主　　编　惠淑荣　丰　雪　张万琴

副主编　王　倩　杨吉会　孙　燕　张　冰
　　　　刘宪敏　陶桂洪　关　驰　张冬梅

编　　者　（以姓氏拼音顺序排列）
戴云仙（内蒙古农业大学）
杜世平（四川农业大学）
丰　雪（沈阳农业大学）
关　驰（沈阳农业大学）
郭亚君（河北科技师范学院）
惠淑荣（沈阳农业大学）
李　强（南京农业大学）
刘宪敏（沈阳农业大学）
沈陆明（湖南农业大学）
孙　燕（内蒙古民族大学）
陶桂洪（沈阳农业大学）
王　倩（沈阳农业大学）
杨吉会（沈阳农业大学）
张　冰（沈阳农业大学）
张冬梅（沈阳农业大学）
张万琴（河南科技学院）

第1版编写人员

主　　编　惠淑荣　张万琴

副 主 编　杜世平　郭亚君　戴云仙
　　　　　　李　强　王　倩　沈陆明

参编人员（以姓氏拼音顺序排列）

戴云仙　（内蒙古农业大学）
杜世平　（四川农业大学）
付玖春　（内蒙古农业大学）
郭亚君　（河北科技师范学院）
惠淑荣　（沈阳农业大学）
李　强　（南京农业大学）
刘宪敏　（沈阳农业大学）
马宝林　（河南科技学院）
沈陆明　（湖南农业大学）
杨晓静　（河北科技师范学院）
王　倩　（沈阳农业大学）
王莉莉　（四川农业大学）
杨晓静　（河北科技师范学院）
张万琴　（河南科技学院）
郑国萍　（河北科技师范学院）

出版说明

在教育部高教司农林医药处的关怀指导下，由教育部高等农林院校理科基础课程教学指导委员会（以下简称“基础课教指委”）推荐的本科农林类专业数学、物理、化学基础课程系列示范性教材现在与广大师生见面了。这是近些年全国高等农林院校为贯彻落实“质量工程”有关精神，广大一线教师深化改革，积极探索加强基础、注重应用、提高能力、培养高素质本科人才的立项研究成果，是具体体现“基础课教指委”组织编制的相关课程教学基本要求的物化成果。其目的在于引导深化高等农林教育教学改革，推动各农林院校紧密联系教学实际和培养人才需求，创建具有特色的数理化精品课程和精品教材，大力提高教学质量。

课程教学基本要求是高等学校制定相应课程教学计划和教学大纲的基本依据，也是规范教学和检查教学质量的依据，同时还是编写课程教材的依据。“基础课教指委”在教育部高教司农林医药处的统一部署下，经过批准立项，于 2007 年底开始组织农林院校有关数学、物理、化学基础课程专家成立专题研究组，研究编制农林类专业相关基础课程的教学基本要求，经过多次研讨和广泛征求全国农林院校一线教师意见，于 2009 年 4 月完成教学基本要求的编制工作，由“基础课教指委”审定并报教育部农林医药处审批。

为了配合农林类专业数理化基础课程教学基本要求的试行，“基础课教指委”统一规划了名为“教育部高等农林院校理科基础课程教学指导委员会推荐示范教材”（以下简称“推荐示范教材”）的项目。“推荐示范教材”由“基础课教指委”统一组织编写出版，不仅确保教材的高质量，同时也使其具有比较鲜明的特色。

一、“推荐示范教材”与教学基本要求并行　教育部专门立项研究制定农林类专业理科基础课程教学基本要求，旨在总结农林类专业理科基础课程教育教学改革经验，规范农林类专业理科基础课程教学工作，全面提高教育教学质量。此次农林类专业数理化基础课程教学基本要求的研制，是迄今为止参与院校和教师最多、研讨最为深入、时间最长的一次教学研讨过程，使教学基本要求的制定具有扎实的基础，使其具有很强的针对性和指导性。通过“推荐示范教材”的使用推动教学基本要求的试行，既体现了“基础课教指委”对推行教学基本要求的决心，又体现了对“推荐示范教材”的重视。

二、规范课程教学与突出农林特色兼备 长期以来各高等农林院校数理化基础课程在教学计划安排和教学内容上存在着较大的趋同性和盲目性，课程定位不准，教学不够规范，必须科学地制定课程教学基本要求。同时由于农林学科的特点和专业培养目标、培养规格的不同，对相关数理化基础课程要求必须突出农林类专业特色。这次编制的相关课程教学基本要求最大限度地体现了各校在此方面的探索成果，“推荐示范教材”比较充分地反映了农林类专业教学改革的新成果。

三、教材内容拓展与考研统一要求接轨 2008 年教育部实行了农学门类硕士研究生统一入学考试制度。这一制度的实行，促使农林类专业理科基础课程教学要求作必要的调整。“推荐示范教材”充分考虑了这一点，各门相关课程教材在内容上和深度上都密切配合这一考试制度的实行。

四、多种辅助教材与课程基本教材相配 为便于导教导学导考，我们以提供整体解决方案的模式，不仅提供课程主教材，还将逐步提供教学辅导书和教学课件等辅助教材，以丰富的教学资源充分满足教师和学生的需求，提高教学效果。

乘着即将编制国家级“十二五”规划教材建设项目之机，“基础课教指委”计划将“推荐示范教材”整体运行，以教材的高质量和新型高效的运行模式，力推本套教材列入“十二五”国家级规划教材项目。

“推荐示范教材”的编写和出版是一种尝试，赢得了许多院校和老师的参与和支持。在此，我们衷心地感谢积极参与的广大教师，同时真诚地希望有更多的读者参与到“推荐示范教材”的进一步建设中，为推进农林类专业理科基础课程教学改革，培养适应经济社会发展需要的基础扎实、能力强、素质高的专门人才做出更大贡献。

中国农业大学出版社

2009 年 8 月

第 2 版前言

本书是教育部高等农林院校理科基础课程教学指导委员会组织编写的理科基础课程推荐示范教材，根据教育部高等农林院校理科基础课程教学指导委员会制定的《普通高等学校农林类专业数理化基础课程教学基本要求》编写而成。

在编写过程中，保留了第 1 版中部分例题和习题，增加了个别章节的知识内容，调整了理论框架，每章最后增加了 Matlab 软件解决对应章节的线性代数问题，既注重线性代数课程本身结构的科学性、系统性、严谨性，又深入浅出、通俗易懂，同时突出有关理论、方法和应用。与本教材配套的还有学习指导和电子教案。

全书内容包括行列式、矩阵、向量组的线性相关性与矩阵的秩、线性方程组、相似矩阵与二次型。

本书中标有 * 号的部分，教师可根据学时情况选讲。

本书的编写分工为：主编惠淑荣、丰雪、张万琴负责全书的总体设计、统稿及部分章节的编写。参加编写的还有戴云仙、杜世平、关驰、郭亚君、李强、刘宪敏、沈陆明、孙燕、陶桂洪、王倩、杨吉会、张冰、张冬梅。

编者对第 1 版同行所做的贡献及中国农业大学出版社为本书编写和出版所做的工作表示衷心感谢。

由于编者水平有限，书中疏漏和不足之处在所难免，恳请读者批评指正。

编　者

2017 年 10 月

第 1 版前言

本书是教育部高等农林院校理科基础课程教学指导委员会组织编写的理科基础课程推荐示范教材，根据教育部高等农林院校理科基础课程教学指导委员会制定的《普通高等学校农林类专业数理化基础课程教学基本要求》编写而成。

在编写过程中，既注重线性代数课程本身结构的科学性、系统性、严谨性，又深入浅出、通俗易懂，同时突出有关理论、方法的应用。在例题与习题的选择上注重典型性和代表性，旨在提高学生的计算和解决实际问题的能力。书中还附有相关数学家简介及用 Matlab 软件解决线性代数问题等内容。与本教材配套的还有学习指导和电子教案。

全书内容包括行列式、矩阵、向量组的线性相关性、线性方程组、相似矩阵与二次型。

书中标有 * 号的部分，教师可根据学时等情况酌情选讲。

本书的编写分工为：主编惠淑荣（沈阳农业大学）、张万琴（河南科技学院）负责全书的总体设计、统稿及部分章节的编写；副主编杜世平（四川农业大学）、郭亚君（河北科技师范学院）、戴云仙（内蒙古农业大学）、李强（南京农业大学）、王倩（沈阳农业大学）、沈陆明（湖南农业大学）负责部分章节的编写；参加编写的还有王莉莉（四川农业大学），付玖春（内蒙古农业大学），刘宪敏（沈阳农业大学），郑国萍、杨晓静（河北科技师范学院），马宝林（河南科技学院）。

编者对中国农业大学出版社为本书编写和出版所做的工作表示衷心感谢。

由于编者水平有限，书中疏漏和不足之处在所难免，恳请读者批评指正。

编　者

2009 年 11 月

目录 CONTENTS

Chapter 1

第 1 章 行列式

Determinant

行列式是线性代数中的一个重要概念,也是一个有用的工具.行列式起源于解 n 元线性方程组,它是研究线性代数的一个重要工具,被广泛地应用到物理、工程技术等多个领域.本章从二元与三元一次线性方程组入手,引入二阶与三阶行列式的概念,并将概念推广到 n 阶行列式,然后介绍行列式的性质、行列式的展开与计算,最后介绍克莱姆法则.

1.1 n 阶行列式

1.1.1 排列及其逆序数

定义 1 由 $1,2,\cdots,n$ 共 n 个不同的元素排成一列,叫作这 n 个元素的**全排列**.

特别地,从 1 到 n 的这 n 个自然数,规定由小到大的排列为标准次序.如果这 n 个自然数的一个排列为 $p_1,p_2,\cdots,p_n$ 有大数 p_i 在小数 p_j 的前面,则称此排列有一个**逆序**.一个排列中所有逆序的总数称为这个排列的**逆序数**.

下面给出计算排列逆序数的方法.不失一般性,设从 1 到 n 这 n 个自然数的一个排列为 $p_1,p_2,\cdots,p_n$,考虑元素 $p_i(i=1,2,\cdots,n)$,如果比 p_i 大且排在 p_i 前面的元素有 τ_i 个,就说 p_i 这个元素的逆序数是 τ_i.全体元素的逆序数的总和

$$\tau=\tau_1+\tau_2+\cdots+\tau_n=\sum_{i=1}^{n}\tau_i$$

即为这个排列的逆序数.

例 1 求排列 4312 的逆序数.

解 在排列 4312 中,4 排在首位,逆序数为 0;3 的前面有 4 比 3 大,有 1 个逆序;1 的前面有 4、3 都比 1 大,有 2 个逆序;2 的前面有 4、3 都比 2 大,有 2 个逆序.故排列的逆序数为

$$\tau=0+1+2+2=5.$$

通常,逆序数为奇数的排列称为奇排列,逆序数为偶数的排列称为偶排列.

逆序数的重要性质:

定理 1 互换排列中任意两个数,其逆序数的奇偶性改变.

推论 奇排列调成标准排列的互换次数为奇数;偶排列调成标准排列的互换次数为偶数.

1.1.2 二、三阶行列式

为了引入二、三阶行列式,先回顾二、三元线性方程组的求解.

设二元一次线性方程组

$$\begin{cases} a_{11}x_1 + a_{12}x_2 = b_1 \\ a_{21}x_1 + a_{22}x_2 = b_2 \end{cases} \tag{1.1}$$

这里 a_{11}、a_{12}、a_{21}、a_{22}、b_1、b_2 均为常数,x_1、x_2 为未知量.用加减消元法求解得

$$(a_{11}a_{22} - a_{12}a_{21})x_1 = b_1a_{22} - b_2a_{12}$$
$$(a_{11}a_{22} - a_{12}a_{21})x_2 = b_2a_{11} - b_1a_{21}$$

若 $a_{11}a_{22} - a_{12}a_{21} \neq 0$,则方程组有唯一解

$$\begin{cases} x_1 = \dfrac{b_1a_{22} - b_2a_{12}}{a_{11}a_{22} - a_{12}a_{21}} \\ x_2 = \dfrac{b_2a_{11} - b_1a_{21}}{a_{11}a_{22} - a_{12}a_{21}} \end{cases}$$

定义 2 2^2 个数 $a_{ij}(i,j = 1,2)$ 排成两行两列(横排称为行,竖排称为列)的数表

$$\begin{matrix} a_{11} & a_{12} \\ a_{21} & a_{22} \end{matrix} \tag{1.2}$$

表达式 $a_{11}a_{22} - a_{12}a_{21}$ 称为数表(1.2)所确定的二阶行列式,记作

$$\begin{vmatrix} a_{11} & a_{12} \\ a_{21} & a_{22} \end{vmatrix} \tag{1.3}$$

数 $a_{ij}(i,j = 1,2)$ 叫作行列式(1.3)的元素.元素 a_{ij} 的第一个下标 i 称为行标,第二个下标 j 称为列标,a_{ij} 表明该元素位于行列式的第 i 行第 j 列.

若将 a_{11}、a_{22} 两个数构成的对角线叫主对角线,将 a_{12}、a_{21} 构成的对角线叫副对角线,则二阶行列式等于主对角线两个元素的乘积减去副对角线两个元素的乘积.

按二阶行列式的定义,二元一次线性方程组的求解公式可以写成

$$x_1 = \frac{\begin{vmatrix} b_1 & a_{12} \\ b_2 & a_{22} \end{vmatrix}}{\begin{vmatrix} a_{11} & a_{12} \\ a_{21} & a_{22} \end{vmatrix}}, \quad x_2 = \frac{\begin{vmatrix} a_{11} & b_1 \\ a_{21} & b_2 \end{vmatrix}}{\begin{vmatrix} a_{11} & a_{12} \\ a_{21} & a_{22} \end{vmatrix}}.$$

记

$$D=\begin{vmatrix} a_{11} & a_{12} \\ a_{21} & a_{22} \end{vmatrix},\quad D_1=\begin{vmatrix} b_1 & a_{12} \\ b_2 & a_{22} \end{vmatrix},\quad D_2=\begin{vmatrix} a_{11} & b_1 \\ a_{21} & b_2 \end{vmatrix}.$$

则二元一次线性方程组的解可写成

$$x_1=\frac{D_1}{D},\quad x_2=\frac{D_2}{D}.$$

其中行列式 D 叫方程组(1.1)的系数行列式，D_1 是用常数项 b_1,b_2 替换 D 中第一列所得到的二阶行列式，D_2 是用常数项 b_1,b_2 替换 D 中第二列得到的二阶行列式.

类似地，讨论三元一次线性方程组

$$\begin{cases} a_{11}x_1+a_{12}x_2+a_{13}x_3=b_1 \\ a_{21}x_1+a_{22}x_2+a_{23}x_3=b_2 \\ a_{31}x_1+a_{32}x_2+a_{33}x_3=b_3 \end{cases} \tag{1.4}$$

的解. 可解出

$$x_1=\frac{b_1a_{22}a_{33}+a_{12}a_{23}b_3+a_{13}b_2a_{32}-b_1a_{23}a_{32}-a_{12}b_2a_{33}-a_{13}a_{22}b_3}{a_{11}a_{22}a_{33}+a_{12}a_{23}a_{31}+a_{13}a_{21}a_{32}-a_{11}a_{23}a_{32}-a_{12}a_{21}a_{33}-a_{13}a_{22}a_{31}}$$

$$x_2=\frac{a_{11}b_2a_{33}+b_1a_{23}a_{31}+a_{13}a_{21}b_3-a_{11}a_{23}b_3-b_1a_{21}a_{33}-a_{13}b_2a_{31}}{a_{11}a_{22}a_{33}+a_{12}a_{23}a_{31}+a_{13}a_{21}a_{32}-a_{11}a_{23}a_{32}-a_{12}a_{21}a_{33}-a_{13}a_{22}a_{31}}$$

$$x_3=\frac{a_{11}a_{22}b_3+a_{12}b_2a_{31}+b_1a_{21}a_{32}-a_{11}b_2a_{32}-a_{12}a_{21}b_3-b_1a_{22}a_{31}}{a_{11}a_{22}a_{33}+a_{12}a_{23}a_{31}+a_{13}a_{21}a_{32}-a_{11}a_{23}a_{32}-a_{12}a_{21}a_{33}-a_{13}a_{22}a_{31}}$$

定义 3 用 $3^2=9$ 个数排成的 3 行 3 列的数表

$$\begin{matrix} a_{11} & a_{12} & a_{13} \\ a_{21} & a_{22} & a_{23} \\ a_{31} & a_{32} & a_{33} \end{matrix} \tag{1.5}$$

组成的记号

$$D=\begin{vmatrix} a_{11} & a_{12} & a_{13} \\ a_{21} & a_{22} & a_{23} \\ a_{31} & a_{32} & a_{33} \end{vmatrix}$$
$$=a_{11}a_{22}a_{33}+a_{12}a_{23}a_{31}+a_{13}a_{21}a_{32}-a_{11}a_{23}a_{32}-a_{12}a_{21}a_{33}-a_{13}a_{22}a_{31} \tag{1.6}$$

称为三阶行列式，右端称为三阶行列式的展开式；横排称为行，竖排称为列，数 $a_{ij}(i,j=1,2,3)$ 叫作行列式的第 i 行第 j 列元素.

由定义可以看出，一个三阶行列式是由不同行不同列的 3 个数相乘得到的 6 项的代数和，这些项前面所带的正负号可以从下图看出，凡是实线上 3 个元素相乘所得项的前面带正号；虚线上 3 个元素相乘所得项的前面带负号，称为三阶行列式展开式的对角线法则.

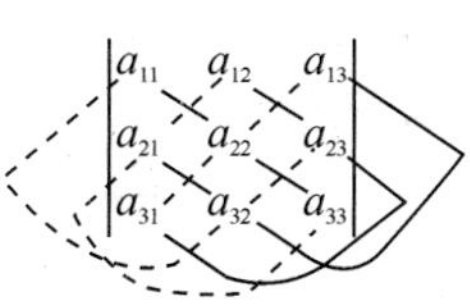

若令

$$D_1=\begin{vmatrix} b_1 & a_{12} & a_{13} \\ b_2 & a_{22} & a_{23} \\ b_3 & a_{32} & a_{33} \end{vmatrix},\quad D_2=\begin{vmatrix} a_{11} & b_1 & a_{13} \\ a_{21} & b_2 & a_{23} \\ a_{31} & b_3 & a_{33} \end{vmatrix},\quad D_3=\begin{vmatrix} a_{11} & a_{12} & b_1 \\ a_{21} & a_{22} & b_2 \\ a_{31} & a_{32} & b_3 \end{vmatrix}.$$

则由三阶行列式定义知方程组(1.4)的解可表示为

$$x_1=\frac{D_1}{D},\quad x_2=\frac{D_2}{D},\quad x_3=\frac{D_3}{D}.$$

称 D 为方程组(1.4)的系数行列式.

为了给出 n 阶行列式的定义,我们分析三阶行列式的结构:

(1)在三阶行列式定义中,a_{ij} 表示行列式中的第 i 行(称行标)第 j 列(称列标)的元素,且三阶行列式共有 $3!=6$ 项代数和.

(2)式(1.6)右边的每一项都是不同行不同列上 3 个元素的乘积,右边的任意项除正负号外,可写成:$a_{1i_1}a_{2i_2}a_{3i_3}$ 其中 $i_1i_2i_3$ 是 123 的一个排列.

(3)式(1.6)右边每一项的符号是:当这一项的行标是 123 标准次序,那么,列标的逆序数是奇数时,这一项取"$-$";逆序数是偶数时,取"$+$",则

$$\begin{vmatrix} a_{11} & a_{12} & a_{13} \\ a_{21} & a_{22} & a_{23} \\ a_{31} & a_{32} & a_{33} \end{vmatrix}=\sum(-1)^{\tau}a_{1i_1}a_{2i_2}a_{3i_3}$$

τ 是 $i_1i_2i_3$ 的逆序数,$\sum$ 表示对 123 这 3 个数所有排列 $i_1i_2i_3$ 取和.

1.1.3 n 阶行列式

定义 4 用 n^2 个元素 a_{ij} ($i,j=1,2,\cdots,n$)组成的记号

$$\begin{vmatrix} a_{11} & a_{12} & \cdots & a_{1n} \\ a_{21} & a_{22} & \cdots & a_{2n} \\ \vdots & \vdots & & \vdots \\ a_{n1} & a_{n2} & \cdots & a_{nn} \end{vmatrix}$$

称为 **n 阶行列式.**

它表示所有取自不同行不同列的 n 个元素乘积的代数和,各项符号:当这一项元素的行标按自然顺序排列时,所对应的列标的逆序数为偶数,取"$+$";为奇数,取"$-$",则 n 阶行列式可以表示为

$$D=\begin{vmatrix} a_{11} & a_{12} & \cdots & a_{1n} \\ a_{21} & a_{22} & \cdots & a_{2n} \\ \vdots & \vdots & & \vdots \\ a_{n1} & a_{n2} & \cdots & a_{nn} \end{vmatrix}=\sum(-1)^{\tau}a_{1i_1}a_{2i_2}\cdots a_{ni_n} \tag{1.7}$$

其中，$i_1i_2\cdots i_n$ 是 $12\cdots n$ 的一个排列，τ 是这个排列的逆序数，$\sum$ 表示对 $1,2,\cdots,n$ 的一切排列取和，共有 $n!$ 项.

例 2 证明对角行列式(其中对角线上的元素是 a_i，未写出的元素都是 0).

(1) $\begin{vmatrix} a_1 & & & \\ & a_2 & & \\ & & \ddots & \\ & & & a_n \end{vmatrix} = a_1a_2\cdots a_n$， (2) $\begin{vmatrix} & & & a_1 \\ & & a_2 & \\ & \iddots & & \\ a_n & & & \end{vmatrix} = (-1)^{\frac{n(n-1)}{2}} a_1a_2\cdots a_n$

证明 第一个行列式显然.下面仅证明第二个行列式.

第二个行列式中，除了乘积 $a_1a_2\cdots a_n$ 这一项外，其他项都包含数零，从而等于零，不等于零的这一项符号由元素 $a_1,a_2,\cdots,a_n$ 的位置确定，当其行指标按照 $1,2,\cdots,n$ 的标准顺序排列时，对应的列指标排列顺序是 $n,n-1,\cdots,2,1$，其逆序数为

$$1+2+\cdots+(n-1)=\frac{n(n-1)}{2},$$

所以 $\begin{vmatrix} & & & a_1 \\ & & a_2 & \\ & \iddots & & \\ a_n & & & \end{vmatrix} = (-1)^{\frac{n(n-1)}{2}} a_1a_2\cdots a_n.$

例 3 证明上三角行列式 $D=\begin{vmatrix} a_{11} & a_{12} & \cdots & a_{1n} \\ & a_{22} & \cdots & a_{2n} \\ & & \ddots & \vdots \\ & & & a_{nn} \end{vmatrix} = a_{11}a_{22}\cdots a_{nn}.$

证明 因为 n 阶行列式 D 的一般项为 $(-1)^\tau a_{1i_1}a_{2i_2}\cdots a_{ni_n}$，而 D 的第 n 行除 a_{nn} 外，其他元素均为零，所以只能取 $i_n=n$. 又因为第 $n-1$ 行除 $a_{n-1,n-1}$，$a_{n-1,n}$ 这两个元素外，其他元素都为零，因此，i_{n-1} 只能取 $n-1$、n 这两种可能，但是 $i_n=n$，故 i_{n-1} 不能取 n，只能取 $i_{n-1}=n-1$. 这样逐步推上去，其他项都等于零.不等于零的项只有一项 $(-1)^\tau a_{11}a_{22}\cdots a_{nn}$. 此项的符号是 $(-1)^\tau=(-1)^0=1$，所以 $D=a_{11}a_{22}\cdots a_{nn}$.

利用逆序数的性质，可以得到行列式的另一种表示.

定理 2 n 阶行列式也可以表示为

$$\begin{vmatrix} a_{11} & a_{12} & \cdots & a_{1n} \\ a_{21} & a_{22} & \cdots & a_{2n} \\ \vdots & \vdots & & \vdots \\ a_{n1} & a_{n2} & \cdots & a_{nn} \end{vmatrix} = \sum (-1)^\tau a_{i_1 1}a_{i_2 2}\cdots a_{i_n n}$$

其中 τ 为行标排列 $i_1i_2\cdots i_n$ 的逆序数.

证明 略.

注 只有二阶、三阶行列式可以按照对角线法则计算，计算四阶及以上的行列式没有类似的对角线法则.

习题 1.1

1. 按自然数从小到大为标准次序，求下列排列的逆序数.

(1) 4 2 3 1； (2) 2 4 1 3； (3) 6 5 1 2 4 3；

(4) 1 3… $2n-1$ 2 4…$(2n)$； (5) 1 3…$(2n-1)(2n)(2n-2)$…2；

(6) n $(n-1)$… 3 2 1.

2. 下面的乘积是否为四阶行列式的乘积项？如果是，请确定其符号.

(1) $a_{13}a_{21}a_{33}a_{42}$； (2) $a_{32}a_{21}a_{43}a_{24}$； (3) $a_{43}a_{31}a_{12}a_{24}$； (4) $a_{12}a_{33}a_{41}a_{24}$.

3. 利用对角线法则计算下列行列式

(1) $\begin{vmatrix} 3 & 4 \\ 2 & 5 \end{vmatrix}$； (2) $\begin{vmatrix} 2 & 0 & 1 \\ 1 & -4 & -1 \\ -1 & 8 & 3 \end{vmatrix}$； (3) $\begin{vmatrix} 1 & 2 & 2 \\ 2 & 1 & 2 \\ 2 & 2 & 1 \end{vmatrix}$； (4) $\begin{vmatrix} a & b & c \\ b & c & a \\ c & a & b \end{vmatrix}$.

4. 用行列式解方程组

(1) $\begin{cases} x_1 - 3x_2 = 5 \\ 2x_1 + 3x_2 = 6 \end{cases}$； (2) $\begin{cases} 2x_1 - x_2 + x_3 = 0 \\ 3x_1 + 2x_2 - 5x_3 = 1. \\ x_1 + 3x_2 - 2x_3 = 4 \end{cases}$

5. 解方程 (1) $\begin{vmatrix} 1 & 3 & 3 \\ 0 & x & -2 \\ 2 & 0 & x \end{vmatrix} = 0$； (2) $\begin{vmatrix} x-1 & 0 & 1 \\ 0 & x-2 & 0 \\ 1 & 0 & x-1 \end{vmatrix} = 0$.

6. 利用行列式的定义计算行列式

(1) $\begin{vmatrix} a_1 & 0 & b_1 & 0 \\ 0 & c_1 & 0 & d_1 \\ a_2 & 0 & b_2 & 0 \\ 0 & c_2 & 0 & d_2 \end{vmatrix}$； (2) $\begin{vmatrix} 0 & 2 & 0 & \cdots & 0 \\ 0 & 0 & 3 & \cdots & 0 \\ \vdots & \vdots & \vdots & & \vdots \\ 0 & 0 & 0 & \cdots & n \\ 1 & 0 & 0 & \cdots & 0 \end{vmatrix}$.

1.2 行列式的性质

行列式计算是一个重要的问题，也是一个很麻烦的问题. n 阶行列式一共有 $n!$ 项，计算它就需要做 $n!$ 个乘法. 当 n 较大时，$n!$ 是一个相当大的数. 直接从定义来计算几乎是不可能的. 本节将继续讨论行列式的性质，利用其性质来简化行列式的计算.

性质 1 互换行列式的两行(列)，其行列式的值变号.

例如，$\begin{vmatrix} a_1 & a_2 & a_3 \\ b_1 & b_2 & b_3 \\ c_1 & c_2 & c_3 \end{vmatrix} = -\begin{vmatrix} a_1 & a_2 & a_3 \\ c_1 & c_2 & c_3 \\ b_1 & b_2 & b_3 \end{vmatrix}$ $(r_2 \leftrightarrow r_3)$.

证明 设行列式 $D=\begin{vmatrix} a_{11} & a_{12} & \cdots & a_{1n} \\ a_{21} & a_{22} & \cdots & a_{2n} \\ \vdots & \vdots & & \vdots \\ a_{n1} & a_{n2} & \cdots & a_{nn} \end{vmatrix}=\sum(-1)^{\tau}a_{1i_1}\cdots a_{pi_p}\cdots a_{qi_q}\cdots a_{ni_n}$.

变换行列式 D 的 p、q 两行得到的行列式为 D_1. 因此，D 中的每一项也是 D_1 中的项. 其次，D 中的任意一项 $(-1)^{\tau}a_{1i_1}\cdots a_{pi_p}\cdots a_{qi_q}\cdots a_{ni_n}$ 在 D_1 中相当于 $(-1)^{\tau}a_{1i_1}\cdots a_{qi_q}\cdots a_{pi_p}\cdots a_{ni_n}$，把这一项的行标 $1\cdots q\cdots p\cdots n$ 调换成 $1\cdots p\cdots q\cdots n$ 后，其列标的顺序为 $i_1\cdots i_q\cdots i_p\cdots i_n$，与 D 中的相应项的列标 $i_1\cdots i_p\cdots i_q\cdots i_n$ 相比，仅将 i_p 与 i_q 对调，根据逆序数的性质，其逆序数的奇偶性改变了，设 $i_1\cdots i_q\cdots i_p\cdots i_n$ 的逆序数为 τ_1，则有 $(-1)^{\tau}=-(-1)^{\tau_1}$，因此，有 $D=-D_1$.

注 r_i 表示第 i 行；c_j 表示第 j 列；将第 i 行(列)与第 j 行(列)交换位置记为 $r_i\leftrightarrow r_j(c_i\leftrightarrow c_j)$.

推论 行列式有两行(列)的对应元素完全相同，则这个行列式的值为零.

例如

$$\begin{vmatrix} a & b & c \\ b & c & a \\ a & b & c \end{vmatrix}=0.$$

性质 2 用数 k 乘行列式的某一行(列)，等于用数 k 乘此行列式，即

$$\begin{vmatrix} a_{11} & \cdots & \cdots & a_{1n} \\ \vdots & & & \vdots \\ ka_{i1} & \cdots & \cdots & ka_{in} \\ \vdots & & & \vdots \\ a_{n1} & & & a_{nn} \end{vmatrix}=k\begin{vmatrix} a_{11} & \cdots & \cdots & a_{1n} \\ \vdots & & & \vdots \\ a_{i1} & \cdots & \cdots & a_{in} \\ \vdots & & & \vdots \\ a_{n1} & & & a_{nn} \end{vmatrix}$$

证明 左端 $=\sum(-1)^{\tau}a_{1i_1}\cdots(ka_{ii_i})\cdots a_{ni_n}=k\sum(-1)^{\tau}a_{1i_1}\cdots a_{ii_i}\cdots a_{ni_n}=$ 右端.

注 第 i 行(列)乘以 k，记为 $r_i\times k$ (或 $c_i\times k$).

推论 1 行列式的某一行(列)的所有元素的公因子可以提到行列式符号的外面.

推论 2 如果行列式的某一行(列)的所有元素都为零，则行列式的值等于零.

性质 3 如果行列式 D 的某一行(列)的所有元素都可以表示成两项的和，则行列式 D 等于两个行列式 D_1 和 D_2 的和. 这两个行列式的这一行(列)的元素分别为原行列式中相应位置两项中的第一项、第二项，而其他位置的元素不变，即

$$D=\begin{vmatrix} a_{11} & a_{12} & \cdots & a_{1j}+b_1 & \cdots & a_{1n} \\ a_{21} & a_{22} & \cdots & a_{2j}+b_2 & \cdots & a_{2n} \\ \vdots & \vdots & & \vdots & & \vdots \\ a_{n1} & a_{n2} & \cdots & a_{nj}+b_n & \cdots & a_{nn} \end{vmatrix}$$

$$=\begin{vmatrix} a_{11} & a_{12} & \cdots & a_{1j} & \cdots & a_{1n} \\ a_{21} & a_{22} & \cdots & a_{2j} & \cdots & a_{2n} \\ \vdots & \vdots & & \vdots & & \vdots \\ a_{n1} & a_{n2} & \cdots & a_{nj} & \cdots & a_{nn} \end{vmatrix}+\begin{vmatrix} a_{11} & a_{12} & \cdots & b_1 & \cdots & a_{1n} \\ a_{21} & a_{22} & \cdots & b_2 & \cdots & a_{2n} \\ \vdots & \vdots & & \vdots & & \vdots \\ a_{n1} & a_{n2} & \cdots & b_n & \cdots & a_{nn} \end{vmatrix}=D_1+D_2.$$

性质 4 行列式中若有两行(列)对应元素成比例,则这个行列式的值等于零,即

$$\begin{vmatrix} \vdots & & & \vdots \\ a_1 & \cdots & \cdots & a_n \\ \vdots & & & \vdots \\ ka_1 & \cdots & \cdots & ka_n \\ \vdots & & & \vdots \end{vmatrix} = 0.$$

证明

$$D = \begin{vmatrix} \vdots & & & \vdots \\ a_1 & \cdots & \cdots & a_n \\ \vdots & & & \vdots \\ ka_1 & \cdots & \cdots & ka_n \\ \vdots & & & \vdots \end{vmatrix} \xlongequal[\text{性质 1}]{} - \begin{vmatrix} \vdots & & & \vdots \\ ka_1 & \cdots & \cdots & ka_n \\ \vdots & & & \vdots \\ a_1 & \cdots & \cdots & a_n \\ \vdots & & & \vdots \end{vmatrix} \xlongequal[\text{性质 2}]{} -k \begin{vmatrix} \vdots & & & \vdots \\ a_1 & \cdots & \cdots & a_n \\ \vdots & & & \vdots \\ a_1 & \cdots & \cdots & a_n \\ \vdots & & & \vdots \end{vmatrix} =$$

$-D$,因此,$D = 0$.

性质 5 把行列式的某一行(列)的元素乘以同一个数后,加到另一行(列)的对应元素上,行列式的值不变,即

$$\begin{vmatrix} a_{11} & a_{12} & \cdots & a_{1n} \\ \vdots & \vdots & & \vdots \\ a_{i1} & a_{i2} & \cdots & a_{in} \\ \vdots & \vdots & & \vdots \\ a_{j1} & a_{j2} & \cdots & a_{jn} \\ \vdots & \vdots & & \vdots \\ a_{n1} & a_{n2} & \cdots & a_{nn} \end{vmatrix} = \begin{vmatrix} a_{11} & a_{12} & \cdots & a_{1n} \\ \vdots & \vdots & & \vdots \\ a_{i1}+ka_{j1} & a_{i2}+ka_{j2} & \cdots & a_{in}+ka_{jn} \\ \vdots & \vdots & & \vdots \\ a_{j1} & a_{j2} & \cdots & a_{jn} \\ \vdots & \vdots & & \vdots \\ a_{n1} & a_{n2} & \cdots & a_{nn} \end{vmatrix}.$$

注 以数 k 乘以第 j 行加到第 i 行上,记作 $r_i + kr_j$;以数 k 乘以第 j 列加到第 i 列上,记作 $c_i + kc_j$.

为了给出性质 6,引入转置行列式的概念.

定义 1 设有 n 阶行列式

$$D = \begin{vmatrix} a_{11} & a_{12} & \cdots & a_{1n} \\ a_{21} & a_{22} & \cdots & a_{2n} \\ \vdots & \vdots & & \vdots \\ a_{n1} & a_{n2} & \cdots & a_{nn} \end{vmatrix}$$

将 D 的第 $1,2,\cdots,n$ 行依次变为第 $1,2,\cdots,n$ 列,得到的新行列式称为 D 的**转置行列式**,记为 D^{T},即

$$D^{\mathrm{T}} = \begin{vmatrix} a_{11} & a_{21} & \cdots & a_{n1} \\ a_{12} & a_{22} & \cdots & a_{n2} \\ \vdots & \vdots & & \vdots \\ a_{1n} & a_{2n} & \cdots & a_{nn} \end{vmatrix}$$

显然 $(D^{\mathrm{T}})^{\mathrm{T}} = D$.

性质 6 行列式和它的转置行列式的值相同，即

$$D = \begin{vmatrix} a_{11} & a_{12} & \cdots & a_{1n} \\ a_{21} & a_{22} & \cdots & a_{2n} \\ \vdots & \vdots & & \vdots \\ a_{n1} & a_{n2} & \cdots & a_{nn} \end{vmatrix} = \begin{vmatrix} a_{11} & a_{21} & \cdots & a_{n1} \\ a_{12} & a_{22} & \cdots & a_{n2} \\ \vdots & \vdots & & \vdots \\ a_{1n} & a_{2n} & \cdots & a_{nn} \end{vmatrix} = D^{\mathrm{T}}.$$

证明 设行列式 $D = \begin{vmatrix} a_{11} & a_{12} & \cdots & a_{1n} \\ a_{21} & a_{22} & \cdots & a_{2n} \\ \vdots & \vdots & & \vdots \\ a_{n1} & a_{n2} & \cdots & a_{nn} \end{vmatrix}$，记其转置行列式 $D^{\mathrm{T}} = \begin{vmatrix} b_{11} & b_{12} & \cdots & b_{1n} \\ b_{21} & b_{22} & \cdots & b_{2n} \\ \vdots & \vdots & & \vdots \\ b_{n1} & b_{n2} & \cdots & b_{nn} \end{vmatrix}$，即 $b_{ij} = a_{ji}\ (i,j = 1,2,\cdots,n)$，根据行列式的定义

$$D^{\mathrm{T}} = \sum (-1)^{\tau} b_{1i_1} b_{2i_2} \cdots b_{ni_n} = \sum (-1)^{\tau} a_{i_1 1} a_{i_2 2} \cdots a_{i_n n} = D.$$

性质 6 表明：行列式对行满足的性质对列也同样满足；反之，对列满足的性质，对行也满足.

例 1 计算三阶行列式 $\begin{vmatrix} 1+a_1 & 2+a_1 & 3+a_1 \\ 1+a_2 & 2+a_2 & 3+a_2 \\ 1+a_3 & 2+a_3 & 3+a_3 \end{vmatrix}$.

解 显然行列式第一列与第三列对应元素之和为第二列相应元素的 2 倍，则有

$$\begin{vmatrix} 1+a_1 & 2+a_1 & 3+a_1 \\ 1+a_2 & 2+a_2 & 3+a_2 \\ 1+a_3 & 2+a_3 & 3+a_3 \end{vmatrix} = 0.$$

例 2 证明 $D = \begin{vmatrix} \sin^2\alpha & \sin^2\beta & \sin^2\gamma \\ \cos^2\alpha & \cos^2\beta & \cos^2\gamma \\ \cos 2\alpha & \cos 2\beta & \cos 2\gamma \end{vmatrix} = 0$.

证明

$$\text{左边} = \begin{vmatrix} \sin^2\alpha & \sin^2\beta & \sin^2\gamma \\ \cos^2\alpha & \cos^2\beta & \cos^2\gamma \\ \cos 2\alpha & \cos 2\beta & \cos 2\gamma \end{vmatrix} = \begin{vmatrix} 1 & 1 & 1 \\ \cos^2\alpha & \cos^2\beta & \cos^2\gamma \\ 2\cos^2\alpha - 1 & 2\cos^2\beta - 1 & 2\cos^2\gamma - 1 \end{vmatrix}$$

$$= 2\begin{vmatrix} 1 & 1 & 1 \\ \cos^2\alpha & \cos^2\beta & \cos^2\gamma \\ \cos^2\alpha & \cos^2\beta & \cos^2\gamma \end{vmatrix} + \begin{vmatrix} 1 & 1 & 1 \\ \cos^2\alpha & \cos^2\beta & \cos^2\gamma \\ -1 & -1 & -1 \end{vmatrix} = 0 + 0 = 0$$

$= \text{右边}$.

例 3 设 $\begin{vmatrix} a_{11} & a_{12} & a_{13} \\ a_{21} & a_{22} & a_{23} \\ a_{31} & a_{32} & a_{33} \end{vmatrix} = 1$，计算行列式 $D = \begin{vmatrix} 6a_{11} & -2a_{12} & -10a_{13} \\ -3a_{21} & a_{22} & 5a_{23} \\ -3a_{31} & a_{32} & 5a_{33} \end{vmatrix}$ 的值.

解 $D=\begin{vmatrix}6a_{11} & -2a_{12} & -10a_{13}\\ -3a_{21} & a_{22} & 5a_{23}\\ -3a_{31} & a_{32} & 5a_{33}\end{vmatrix}\xlongequal[c_3\div 5]{c_1\div(-3)}(-3)\times 5\begin{vmatrix}-2a_{11} & -2a_{12} & -2a_{13}\\ a_{21} & a_{22} & a_{23}\\ a_{31} & a_{32} & a_{33}\end{vmatrix}$

$$\xlongequal{r_1\div(-2)}(-3)\times 5\times(-2)\begin{vmatrix}a_{11} & a_{12} & a_{13}\\ a_{21} & a_{22} & a_{23}\\ a_{31} & a_{32} & a_{33}\end{vmatrix}=30.$$

例 4 计算行列式

$$D=\begin{vmatrix}a & b & c & d\\ a & a+b & a+b+c & a+b+c+d\\ a & 2a+b & 3a+2b+c & 4a+3b+2c+d\\ a & 3a+b & 6a+3b+c & 10a+6b+3c+d\end{vmatrix}.$$

解 从第 4 行开始，后行减去前行，得

$$D=\begin{vmatrix}a & b & c & d\\ a & a+b & a+b+c & a+b+c+d\\ a & 2a+b & 3a+2b+c & 4a+3b+2c+d\\ a & 3a+b & 6a+3b+c & 10a+6b+3c+d\end{vmatrix}\xlongequal[r_2-r_1]{\substack{r_4-r_3\\ r_3-r_2}}\begin{vmatrix}a & b & c & d\\ 0 & a & a+b & a+b+c\\ 0 & a & 2a+b & 3a+2b+c\\ 0 & a & 3a+b & 6a+3b+c\end{vmatrix}$$

$$\xlongequal[r_3-r_2]{r_4-r_3}\begin{vmatrix}a & b & c & d\\ 0 & a & a+b & a+b+c\\ 0 & 0 & a & 2a+b\\ 0 & 0 & a & 3a+b\end{vmatrix}\xlongequal{r_4-r_3}\begin{vmatrix}a & b & c & d\\ 0 & a & a+b & a+b+c\\ 0 & 0 & a & 2a+b\\ 0 & 0 & 0 & a\end{vmatrix}=a^4.$$

例 5 若 n 阶行列式 D 中的元素满足 $a_{ij}=-a_{ji}(i,j=1,2,\cdots,n)$，则称 D 为反对称行列式(显然，反对称行列式中有 $a_{11}=a_{22}=\cdots=a_{nn}=0$)．证明：奇数阶反对称行列式的值为零.

证明 设 $D=\begin{vmatrix}0 & a_{12} & \cdots & a_{1n}\\ -a_{12} & 0 & \cdots & a_{2n}\\ \vdots & \vdots & & \vdots\\ -a_{1n} & -a_{2n} & \cdots & 0\end{vmatrix}$，则 $D=D^{\mathrm{T}}=\begin{vmatrix}0 & -a_{12} & \cdots & -a_{1n}\\ a_{12} & 0 & \cdots & -a_{2n}\\ \vdots & \vdots & & \vdots\\ a_{1n} & a_{2n} & \cdots & 0\end{vmatrix}$. 各行提出公因数$(-1)$，得

$$D=D^{\mathrm{T}}=\begin{vmatrix}0 & -a_{12} & \cdots & -a_{1n}\\ a_{12} & 0 & \cdots & -a_{2n}\\ \vdots & \vdots & & \vdots\\ a_{1n} & a_{2n} & \cdots & 0\end{vmatrix}$$

$$=(-1)^n\begin{vmatrix}0 & a_{12} & \cdots & a_{1n}\\ -a_{12} & 0 & \cdots & a_{2n}\\ \vdots & \vdots & & \vdots\\ -a_{1n} & -a_{2n} & \cdots & 0\end{vmatrix}=(-1)^nD.$$

由于 n 为奇数，则有 $D=-D$，所以 $D=0$.

例 6 计算 n 阶行列式 $D=\begin{vmatrix} x & a & \cdots & a \\ a & x & \cdots & a \\ \vdots & \vdots & & \vdots \\ a & a & \cdots & x \end{vmatrix}$.

解 这个行列式的特点是每一行都是 $n-1$ 个 a 和 1 个 x，因此把第 $2,3,\cdots,n$ 列同时加到第 1 列上，然后第 $2,3,\cdots,n$ 各行都减去第 1 行，将 D 化为上三角行列式

$$D=\begin{vmatrix} x & a & \cdots & a \\ a & x & \cdots & a \\ \vdots & \vdots & & \vdots \\ a & a & \cdots & x \end{vmatrix}=\begin{vmatrix} x+(n-1)a & a & \cdots & a \\ x+(n-1)a & x & \cdots & a \\ \vdots & \vdots & & \vdots \\ x+(n-1)a & a & \cdots & x \end{vmatrix}$$

$$=\begin{vmatrix} x+(n-1)a & a & \cdots & a \\ 0 & x-a & \cdots & 0 \\ \vdots & \vdots & & \vdots \\ 0 & 0 & \cdots & x-a \end{vmatrix}$$

$$=[x+(n-1)a](x-a)^{n-1}.$$

注 计算行列式要抓住行列式的特点，利用行列式的相关性质.

□ 习题 1.2

1. 利用行列式的性质计算行列式

(1) $\begin{vmatrix} 856 & 427 & 327 \\ 1\,090 & 543 & 443 \\ 1\,444 & 721 & 621 \end{vmatrix}$； (2) $\begin{vmatrix} a^2 & ab & b^2 \\ 2a & a+b & 2b \\ 1 & 1 & 1 \end{vmatrix}$； (3) $\begin{vmatrix} a & b & a+b \\ b & a+b & a \\ a+b & a & b \end{vmatrix}$；

(4) $\begin{vmatrix} -ab & ac & ae \\ bd & -cd & de \\ bf & cf & -ef \end{vmatrix}$； (5) $\begin{vmatrix} 0 & -1 & -1 & 2 \\ 1 & -1 & 0 & 2 \\ -1 & 2 & -1 & 0 \\ 2 & 1 & 1 & 0 \end{vmatrix}$.

2. 证明等式

$$\begin{vmatrix} ax+by & ay+bz & az+bx \\ ay+bz & az+bx & ax+by \\ az+bx & ax+by & ay+bz \end{vmatrix}=(a^3+b^3)\begin{vmatrix} x & y & z \\ y & z & x \\ z & x & y \end{vmatrix}.$$

3. 已知行列式 $\begin{vmatrix} a_{11} & a_{12} & a_{13} \\ a_{21} & a_{22} & a_{23} \\ a_{31} & a_{32} & a_{33} \end{vmatrix}=5$，计算 $\begin{vmatrix} a_{11} & 2a_{31}-5a_{21} & 3a_{21} \\ a_{12} & 2a_{32}-5a_{22} & 3a_{22} \\ a_{13} & 2a_{33}-5a_{23} & 3a_{23} \end{vmatrix}$.

1.3 行列式的展开与运算

1.3.1 行列式按一行(列)展开

从行列式计算可知,行列式的阶数越低,计算就越容易. 能否将一个高阶行列式转化为较低阶的行列式计算,这就是行列式的展开问题.

定义 1 在 n 阶行列式中,把元素 a_{ij} 所在的第 i 行和第 j 列划去后,留下来的 $n-1$ 阶行列式称为元素 a_{ij} 的**余子式**,记作 M_{ij}.

定义 2 记 $A_{ij}=(-1)^{i+j}M_{ij}$,称为元素 a_{ij} 的**代数余子式**.

例如,行列式 $\begin{vmatrix} a_{11} & a_{12} & a_{13} & a_{14} \\ a_{21} & a_{22} & a_{23} & a_{24} \\ a_{31} & a_{32} & a_{33} & a_{34} \\ a_{41} & a_{42} & a_{43} & a_{44} \end{vmatrix}$,元素 a_{23} 的余子式是 $M_{23}=\begin{vmatrix} a_{11} & a_{12} & a_{14} \\ a_{31} & a_{32} & a_{34} \\ a_{41} & a_{42} & a_{44} \end{vmatrix}$,其代数余子式为 $A_{23}=(-1)^{2+3}M_{23}=-M_{23}$.

引理 一个 n 阶行列式,如果其中第 i 行所有元素除 a_{ij} 外都为零,那么这行列式等于 a_{ij} 与它的代数余子式的乘积,即 $D=a_{ij}A_{ij}$.

定理 1 n 阶行列式等于它的任意一行(列)的各元素与其对应的代数余子式乘积之和,即

$$D=a_{i1}A_{i1}+a_{i2}A_{i2}+\cdots+a_{in}A_{in},(i=1,2,\cdots,n)$$

或

$$D=a_{1j}A_{1j}+a_{2j}A_{2j}+\cdots+a_{nj}A_{nj},(j=1,2,\cdots,n).$$

证明 $$\begin{vmatrix} a_{11} & a_{12} & \cdots & a_{1n} \\ \vdots & \vdots & & \vdots \\ a_{i1}+0+\cdots+0 & 0+a_{i2}+\cdots+0 & \cdots & 0+\cdots+0+a_{in} \\ \vdots & \vdots & & \vdots \\ a_{n1} & a_{n2} & \cdots & a_{nn} \end{vmatrix}$$

$$=\begin{vmatrix} a_{11} & a_{12} & \cdots & a_{1n} \\ \vdots & \vdots & & \vdots \\ a_{i1} & 0 & \cdots & 0 \\ \vdots & \vdots & & \vdots \\ a_{n1} & a_{n2} & \cdots & a_{nn} \end{vmatrix}+\begin{vmatrix} a_{11} & a_{12} & \cdots & a_{1n} \\ \vdots & \vdots & & \vdots \\ 0 & a_{i2} & \cdots & 0 \\ \vdots & \vdots & & \vdots \\ a_{n1} & a_{n2} & \cdots & a_{nn} \end{vmatrix}+\cdots+\begin{vmatrix} a_{11} & a_{12} & \cdots & a_{1n} \\ \vdots & \vdots & & \vdots \\ 0 & 0 & \cdots & a_{in} \\ \vdots & \vdots & & \vdots \\ a_{n1} & a_{n2} & \cdots & a_{nn} \end{vmatrix}$$

根据引理,即得

$$D=a_{i1}A_{i1}+a_{i2}A_{i2}+\cdots+a_{in}A_{in}\ (i=1,2,\cdots,n).$$

类似地,证明若按列进行,可得

$$D=a_{1j}A_{1j}+a_{2j}A_{2j}+\cdots+a_{nj}A_{nj}\ (j=1,2,\cdots,n).$$

把这个定理习惯地说成,按行列式第 i 行展开(按第 j 列展开).

1.3.2 行列式的计算

利用定理1,可以把一个 n 阶行列式的计算转化成 $n-1$ 阶行列式的计算,这样起到降阶的作用.实际计算行列式时,总是按含零最多的行或列展开,并经常利用性质5,使行列式的某行或某列含有更多的零,然后再按该行或列展开.

例1 计算行列式

$$D=\begin{vmatrix}2&3&2&1\\1&4&-6&1\\2&1&7&1\\-1&0&1&2\end{vmatrix}.$$

解 $$D=\begin{vmatrix}2&3&2&1\\1&4&-6&1\\2&1&7&1\\-1&0&1&2\end{vmatrix}\xlongequal[c_4+2c_1]{c_3+c_1}\begin{vmatrix}2&3&4&5\\1&4&-5&3\\2&1&9&5\\-1&0&0&0\end{vmatrix}\xlongequal{按 r_4 展开}$$

$$(-1)\times(-1)^{4+1}\begin{vmatrix}3&4&5\\4&-5&3\\1&9&5\end{vmatrix}\xlongequal[r_2-4r_3]{r_1-3r_3}\begin{vmatrix}0&-23&-10\\0&-41&-17\\1&9&5\end{vmatrix}\xlongequal{按 c_1 展开}$$

$$1\times(-1)^{3+1}\begin{vmatrix}-23&-10\\-41&-17\end{vmatrix}=-19.$$

注 此方法可以称为逐次降阶法计算行列式(关键:正确运用性质"化零"、运用性质展开).

例2 计算行列式 $D=\begin{vmatrix}1&2&3&2\\2a&a+b&2b&2a\\a^2&ab&b^2&a^2\\1&1&1&1\end{vmatrix}$.

解 显然行列式的最后一列元素均可以看成两数之和,则由行列式的性质3,得

$$D=\begin{vmatrix}1&2&3&2\\2a&a+b&2b&2a\\a^2&ab&b^2&a^2\\1&1&1&1\end{vmatrix}=\begin{vmatrix}1&2&3&1\\2a&a+b&2b&2a\\a^2&ab&b^2&a^2\\1&1&1&1\end{vmatrix}+\begin{vmatrix}1&2&3&1\\2a&a+b&2b&0\\a^2&ab&b^2&0\\1&1&1&0\end{vmatrix}.$$

等号右边第一个行列式中第1、4两列元素对应相等,行列式的值为零;等号右边第2个行列式根据行列式的展开定理,按照第4列展开,则有

$$D=1\times(-1)^{1+4}\begin{vmatrix}2a&a+b&2b\\a^2&ab&b^2\\1&1&1\end{vmatrix}=(a-b)^3.$$

例 3 证明当 $\alpha \neq \beta$ 时，

$$D_n = \begin{vmatrix} \alpha+\beta & \alpha\beta & 0 & \cdots & 0 & 0 \\ 1 & \alpha+\beta & \alpha\beta & \cdots & 0 & 0 \\ 0 & 1 & \alpha+\beta & \cdots & 0 & 0 \\ \vdots & \vdots & \vdots & & \vdots & \vdots \\ 0 & 0 & 0 & \cdots & 1 & \alpha+\beta \end{vmatrix} = \frac{\alpha^{n+1}-\beta^{n+1}}{\alpha-\beta}.$$

证明

$$D_n = \begin{vmatrix} \alpha+\beta & \alpha\beta & 0 & \cdots & 0 & 0 \\ 1 & \alpha+\beta & \alpha\beta & \cdots & 0 & 0 \\ 0 & 1 & \alpha+\beta & \cdots & 0 & 0 \\ \vdots & \vdots & \vdots & & \vdots & \vdots \\ 0 & 0 & 0 & \cdots & 1 & \alpha+\beta \end{vmatrix}$$

$$= \begin{vmatrix} \alpha & \alpha\beta & 0 & \cdots & 0 & 0 \\ 1 & \alpha+\beta & \alpha\beta & \cdots & 0 & 0 \\ 0 & 1 & \alpha+\beta & \cdots & 0 & 0 \\ \vdots & \vdots & \vdots & & \vdots & \vdots \\ 0 & 0 & 0 & \cdots & 1 & \alpha+\beta \end{vmatrix} + \begin{vmatrix} \beta & \alpha\beta & 0 & \cdots & 0 & 0 \\ 0 & \alpha+\beta & \alpha\beta & \cdots & 0 & 0 \\ 0 & 1 & \alpha+\beta & \cdots & 0 & 0 \\ \vdots & \vdots & \vdots & & \vdots & \vdots \\ 0 & 0 & 0 & \cdots & 1 & \alpha+\beta \end{vmatrix}$$

把第 1 个行列式第 1 列乘以 $-\beta$ 加到第 2 列，所得行列式第 2 列乘以 $-\beta$ 加到第 3 列，如此继续下去，最后将得到的行列式第 $n-1$ 列乘以 $-\beta$ 加到第 n 列，则有

$$D_n = \begin{vmatrix} \alpha & 0 & 0 & \cdots & 0 & 0 \\ 1 & \alpha & 0 & \cdots & 0 & 0 \\ 0 & 1 & \alpha & \cdots & 0 & 0 \\ \vdots & \vdots & \vdots & & \vdots & \vdots \\ 0 & 0 & 0 & \cdots & 1 & \alpha \end{vmatrix} + \beta D_{n-1} = \alpha^n + \beta D_{n-1}.$$

把 D_n 中第一行第一列的元素 $\alpha+\beta$ 中的 α 和 β 位置互换，同理可得 $D_n = \beta^n + \alpha D_{n-1}$. 综上有

$$\begin{cases} D_n = \alpha^n + \beta D_{n-1} \\ D_n = \beta^n + \alpha D_{n-1} \end{cases}$$

方程组中的第一个方程乘以 α 减去第二个方程乘以 β 得

$$(\alpha-\beta)D_n = \alpha^{n+1} - \beta^{n+1},$$

当 $\alpha \neq \beta$ 时，$D_n = \dfrac{\alpha^{n+1}-\beta^{n+1}}{\alpha-\beta}$.

例 4 计算 $D_{2n}=\begin{vmatrix} a & & & & & & b \\ & a & & 0 & & b & \\ & & \ddots & & \iddots & & \\ & & & a & b & & \\ 0 & & & c & d & & 0 \\ & & \iddots & & \ddots & & \\ & c & & 0 & & d & \\ c & & & & & & d \end{vmatrix}$.

解 按第一行展开,有

$$D_{2n}=a\begin{vmatrix} a & & & & & b & 0 \\ & \ddots & 0 & & \iddots & & \vdots \\ & 0 & a & b & 0 & & \\ & & c & d & & & \vdots \\ & \iddots & & 0 & \ddots & & \\ c & & & & & d & 0 \\ 0 & & & & & & d \end{vmatrix}+b(-1)^{1+2n}\begin{vmatrix} 0 & a & & & & & b \\ 0 & & \ddots & & 0 & \iddots & 0 \\ \vdots & & & a & b & & \\ & & & c & d & & \\ \vdots & & \iddots & & 0 & \ddots & \\ 0 & c & & & & & d \\ c & & & & & & 0 \end{vmatrix}$$

$$=adD_{2(n-1)}-bc(-1)^{2n-1+1}D_{2(n-1)}=(ad-bc)D_{2(n-1)}.$$

以此作递推公式,即可得

$$D_{2n}=(ad-bc)D_{2(n-1)}=(ad-bc)^2D_{2(n-2)}=\cdots=(ad-bc)^{n-1}D_2$$

$$=(ad-bc)^{n-1}\begin{vmatrix} a & b \\ c & d \end{vmatrix}=(ad-bc)^n.$$

例 5 证明范德蒙(Vandermonde)行列式

$$D=\begin{vmatrix} 1 & 1 & \cdots & 1 \\ x_1 & x_2 & \cdots & x_n \\ x_1^2 & x_2^2 & \cdots & x_n^2 \\ \vdots & \vdots & & \vdots \\ x_1^{n-1} & x_2^{n-1} & \cdots & x_n^{n-1} \end{vmatrix}=\prod_{1\leqslant i<j\leqslant n}(x_j-x_i).$$

证明 用数学归纳法.

当 $n=2$ 时, $\begin{vmatrix} 1 & 1 \\ x_1 & x_2 \end{vmatrix}=x_2-x_1$,结论成立.

假设当 $n=k-1$ 时结论成立,当 $n=k$ 时,从第 k 行开始,逐行减去上面相邻行的 x_1 倍,得

$$D=\begin{vmatrix} 1 & 1 & \cdots & 1 \\ 0 & x_2-x_1 & \cdots & x_k-x_1 \\ 0 & x_2(x_2-x_1) & \cdots & x_k(x_k-x_1) \\ \vdots & \vdots & & \vdots \\ 0 & x_2^{k-2}(x_2-x_1) & \cdots & x_k^{k-2}(x_k-x_1) \end{vmatrix}$$

按第一列展开行列式，再将各列中的公因子提出来

$$D=\begin{vmatrix} x_2-x_1 & x_3-x_1 & \cdots & x_k-x_1 \\ x_2(x_2-x_1) & x_3(x_3-x_1) & \cdots & x_k(x_k-x_1) \\ \vdots & \vdots & & \vdots \\ x_2^{k-2}(x_2-x_1) & x_3^{k-2}(x_3-x_1) & \cdots & x_k^{k-2}(x_k-x_1) \end{vmatrix}$$

$$=(x_2-x_1)(x_3-x_1)\cdots(x_k-x_1)\begin{vmatrix} 1 & 1 & \cdots & 1 \\ x_2 & x_3 & \cdots & x_k \\ \vdots & \vdots & & \vdots \\ x_2^{k-2} & x_3^{k-2} & \cdots & x_k^{k-2} \end{vmatrix}$$

上式中的行列式是 $k-1$ 阶范德蒙行列式，由假设知其值为

$$D=(x_2-x_1)(x_3-x_1)\cdots(x_k-x_1)\prod_{2\leqslant i<j\leqslant k}(x_j-x_i)=\prod_{1\leqslant i<j\leqslant k}(x_j-x_i)$$

所以，对于任意的正整数 $n\geqslant 2$，范德蒙的展开式成立.

推论 行列式的某一行（列）的元素与另一行（列）对应的代数余子式乘积之和等于零，即

$$a_{i1}A_{j1}+a_{i2}A_{j2}+\cdots+a_{in}A_{jn}=0,(i\neq j)$$

或
$$a_{1i}A_{1j}+a_{2i}A_{2j}+\cdots+a_{ni}A_{nj}=0,(i\neq j).$$

证明 为书写方便，以下仅就三阶行列式来证明，即证

$$a_{31}A_{21}+a_{32}A_{22}+a_{33}A_{23}=0.$$

设 $D=\begin{vmatrix} a_{11} & a_{12} & a_{13} \\ a_{21} & a_{22} & a_{23} \\ a_{31} & a_{32} & a_{33} \end{vmatrix}$，$D_1=\begin{vmatrix} a_{11} & a_{12} & a_{13} \\ a & b & c \\ a_{31} & a_{32} & a_{33} \end{vmatrix}$，

将 D_1 按第 2 行展开，得 $D_1=aA_{21}+bA_{22}+cA_{23}$，令 $a=a_{31}$，$b=a_{32}$，$c=a_{33}$，于是

$$a_{31}A_{21}+a_{32}A_{22}+a_{33}A_{23}=\begin{vmatrix} a_{11} & a_{12} & a_{13} \\ a_{31} & a_{32} & a_{33} \\ a_{31} & a_{32} & a_{33} \end{vmatrix}=0.$$

由此看出，$a_{31}A_{21}+a_{32}A_{22}+a_{33}A_{23}$ 相当于 D 中的第 2 行元素 a_{21}，a_{22}，a_{23} 分别被 D 中的第 3 行元素 a_{31}，a_{32}，a_{33} 所代替，因此，这个行列式的第 2 行与第 3 行的元素相同，故行列式的值等于零.

同理可知，$a_{i1}A_{j1}+a_{i2}A_{j2}+\cdots+a_{in}A_{jn}$ 是 n 阶行列式 D 中第 j 行元素被它的第 i 行元素所代替，因此这个行列式的第 i 行与第 j 行元素相同，故行列式的值等于零.

上述证法如按列进行，即可得

$$a_{1i}A_{1j}+a_{2i}A_{2j}+\cdots+a_{ni}A_{nj}=0,(i\neq j).$$

□ 习题 1.3

1. 计算行列式

(1) $D=\begin{vmatrix}1&1&3&-1\\2&3&4&-1\\0&2&0&-2\\1&0&-1&2\end{vmatrix}$；　　(2) $\begin{vmatrix}a_1&-1&0&\cdots&0&0\\a_2&x&-1&\cdots&0&0\\a_3&0&x&\cdots&0&0\\\vdots&\vdots&&&\vdots&\vdots\\a_{n-1}&0&0&\cdots&x&-1\\a_n&0&0&\cdots&0&x\end{vmatrix}$；

(3) $\begin{vmatrix}1&1&1&1\\a&b&c&d\\a^2&b^2&c^2&d^2\\a^3&b^3&c^3&d^3\end{vmatrix}$；　　(4) $\begin{vmatrix}1&a_1&0&\cdots&0\\0&1&a_2&\cdots&0\\\vdots&\vdots&\vdots&&\vdots\\0&0&0&\cdots&a_{n-1}\\a_n&0&0&\cdots&1\end{vmatrix}$.

2. 设 $D=\begin{vmatrix}0&0&0&a\\b&0&c&x\\0&bc&0&y\\c&0&b&x\end{vmatrix}$，计算元素 a 的余子式，代数余子式，并计算 D.

3. 设 $D=\begin{vmatrix}x^2&x&1&0\\1&1&0&0\\0&0&3&2\\-3&0&1&1\end{vmatrix}=0$，求 x.

4. 已知 $D=\begin{vmatrix}x&1&2&1\\y&-1&0&1\\z&0&2&1\\w&1&-1&-1\end{vmatrix}$，求 $A_{11}+2A_{21}-A_{31}+A_{41}$.

1.4 克莱姆法则

我们已经知道二元、三元线性方程组的解与行列式有着密切的联系，本节主要介绍 n 元线性方程组解的公式，这是行列式理论一个非常重要的应用.

设含有 n 个未知量，m 个方程的线性方程组为

$$\begin{cases}a_{11}x_1+a_{12}x_2+\cdots+a_{1n}x_n=b_1\\a_{21}x_1+a_{22}x_2+\cdots+a_{2n}x_n=b_2\\\qquad\cdots\cdots\\a_{m1}x_1+a_{m2}x_2+\cdots+a_{mn}x_n=b_m\end{cases}$$

其中 $x_1,x_2,\cdots,x_n$ 代表 n 个未知量，m 是方程的个数，$a_{ij}(i=1,2,\cdots,m;j=1,2,\cdots,n)$ 称为方程组的系数，$b_j(j=1,2,\cdots,m)$ 称为常数项.

线性方程组的一个解是指由 n 个数 $c_1,c_2,\cdots,c_n$ 组成的有序数组 $(c_1,c_2,\cdots,c_n)$，当 n 个未知量 $x_1,x_2,\cdots,x_n$ 分别用 $c_1,c_2,\cdots,c_n$ 代入后，使得方程组中每个等式都成为恒等式. 方程组解的全体称为它的解集合，如果两个线性方程组有相同的解集合，就称它们是同解方程组.

为了求解一个线性方程组，必须解决以下一些问题：

(1)这个方程组有没有解？

(2)如果这个方程组有解，有多少个解？

(3)在方程组有解时，解之间的关系，并求出全部解.

本节讨论方程的个数与未知量的个数相等(即 $m=n$)的情形.

设方程组

$$\begin{cases} a_{11}x_1+a_{12}x_2+\cdots+a_{1n}x_n=b_1 \\ a_{21}x_1+a_{22}x_2+\cdots+a_{2n}x_n=b_2 \\ \qquad\cdots\cdots \\ a_{n1}x_1+a_{n2}x_2+\cdots+a_{nn}x_n=b_n \end{cases} \tag{1.8}$$

令方程组(1.8)中的未知量系数在保持原相对位置不变的情况下构成的 n 阶行列式

$$D=\begin{vmatrix} a_{11} & a_{12} & \cdots & a_{1n} \\ a_{21} & a_{22} & \cdots & a_{2n} \\ \vdots & \vdots & & \vdots \\ a_{n1} & a_{n2} & \cdots & a_{nn} \end{vmatrix}$$

称为方程组(1.8)的系数行列式.

定理 1 (克莱姆法则) 若 n 元线性方程组(1.8)的系数行列式 $D\neq 0$，则此方程组有唯一解，且

$$x_1=\frac{D_1}{D},x_2=\frac{D_2}{D},\cdots,x_n=\frac{D_n}{D}$$

其中 D_j 是把系数行列式 D 的第 j 列的元素用方程组的常数项 $b_1,b_2,\cdots,b_n$ 替换而得到的 n 阶行列式.

证明 取正整数 $1,2,\cdots,n$ 中的任意一个为 j，以 $A_{1j},A_{2j},\cdots,A_{nj}$ 分别乘以方程组(1.8)中的第 1 个，第 2 个，$\cdots$，第 n 个方程，然后相加，得

$$\left(\sum_{k=1}^{n}a_{k1}A_{kj}\right)x_1+\left(\sum_{k=1}^{n}a_{k2}A_{kj}\right)x_2+\cdots+\left(\sum_{k=1}^{n}a_{kj}A_{kj}\right)x_j+\cdots+\left(\sum_{k=1}^{n}a_{kn}A_{kj}\right)x_n=\sum_{k=1}^{n}b_kA_{kj}$$

由行列式展开的推论可知，方程左边 x_j 的系数为 D，而其他的 x_i 的系数为零；方程右边恰好是用 $b_1,b_2,\cdots,b_n$ 依次替换 D 中第 j 列每个元素得到的行列式 D_j，则有

$$Dx_j=D_j$$

令 $j=1,2,\cdots,n$，则得方程组

$$Dx_1 = D_1, Dx_2 = D_2, \cdots, Dx_n = D_n \tag{1.9}$$

显然方程组(1.8)的解是方程组(1.9)的解，而当 $D \neq 0$ 时，方程组(1.9)有唯一解

$$x_1 = \frac{D_1}{D}, x_2 = \frac{D_2}{D}, \cdots, x_n = \frac{D_n}{D} \tag{1.10}$$

将(1.10)代入方程组(1.8)的第 i 个方程，得

$$\sum_{j=1}^{n} a_{ij} \frac{D_j}{D} = \frac{1}{D}\sum_{j=1}^{n} a_{ij}\left(\sum_{k=1}^{n} b_k A_{kj}\right) = \frac{1}{D}\sum_{k=1}^{n} b_k \sum_{j=1}^{n} a_{ij} A_{kj} = b_i \quad (i = 1,2,\cdots,n)$$

则(1.10)是方程组(1.8)的解，而且是唯一解. 所以方程组(1.8)最多有一组解.

例 1 用克莱姆法则解线性方程组

$$\begin{cases} 2x_1 + x_2 - 5x_3 + x_4 = 8 \\ x_1 - 3x_2 - 6x_4 = 9 \\ 2x_2 - x_3 + 2x_4 = -5 \\ x_1 + 4x_2 - 7x_3 + 6x_4 = 0 \end{cases}$$

解 方程组的系数行列式

$$D = \begin{vmatrix} 2 & 1 & -5 & 1 \\ 1 & -3 & 0 & -6 \\ 0 & 2 & -1 & 2 \\ 1 & 4 & -7 & 6 \end{vmatrix} = 27$$

因为 $D \neq 0$，所以方程组有唯一解. 又由于

$$D_1 = \begin{vmatrix} 8 & 1 & -5 & 1 \\ 9 & -3 & 0 & -6 \\ -5 & 2 & -1 & 2 \\ 0 & 4 & -7 & 6 \end{vmatrix} = 81, \quad D_2 = \begin{vmatrix} 2 & 8 & -5 & 1 \\ 1 & 9 & 0 & -6 \\ 0 & -5 & -1 & 2 \\ 1 & 0 & -7 & 6 \end{vmatrix} = -108,$$

$$D_3 = \begin{vmatrix} 2 & 1 & 8 & 1 \\ 1 & -3 & 9 & -6 \\ 0 & 2 & -5 & 2 \\ 1 & 4 & 0 & 6 \end{vmatrix} = -27, \quad D_4 = \begin{vmatrix} 2 & 1 & -5 & 8 \\ 1 & -3 & 0 & 9 \\ 0 & 2 & -1 & -5 \\ 1 & 4 & -7 & 0 \end{vmatrix} = 27.$$

所以

$$x_1 = \frac{D_1}{D} = 3, x_2 = \frac{D_2}{D} = -4, x_3 = \frac{D_3}{D} = -1, x_4 = \frac{D_4}{D} = 1.$$

注 克莱姆法则给出了线性方程组的解与其系数、常数项之间的一种重要关系. 但它只适用于方程个数与未知量个数相等，且系数行列式不等于零的线性方程组.

当线性方程组(1.8)的常数项全为零时，方程组(1.8)变为

$$\begin{cases} a_{11}x_1 + a_{12}x_2 + \cdots + a_{1n}x_n = 0 \\ a_{21}x_1 + a_{22}x_2 + \cdots + a_{2n}x_n = 0 \\ \cdots\cdots \\ a_{n1}x_1 + a_{n2}x_2 + \cdots + a_{nn}x_n = 0 \end{cases} \tag{1.11}$$

称方程组(1.11)为**齐次线性方程组**，否则，称为**非齐次线性方程组**.

显然，$x_1 = x_2 = \cdots = x_n = 0$ 就是方程组(1.11)的一个解. 那么，它除了零解以外是否还有其他非零解呢？

由克莱姆法则可以得出：若方程组(1.11)的系数行列式 $D \neq 0$，则方程组有唯一零解；若方程组有非零解，则系数行列式 D 必为零.

推论 齐次线性方程组有非零解的充分必要条件是 $D = 0$.

例 2 讨论方程组解的情况

$$\begin{cases} \lambda x_1 + x_2 + x_3 = 0 \\ x_1 + \lambda x_2 + x_3 = 0 \\ 3x_1 - x_2 + x_3 = 0 \end{cases}$$

解 因为

$$D = \begin{vmatrix} \lambda & 1 & 1 \\ 1 & \lambda & 1 \\ 3 & -1 & 1 \end{vmatrix} = (\lambda - 1)^2$$

所以，当 $\lambda = 1$ 时，$D = 0$，此时方程组有非零解；当 $\lambda \neq 1$ 时，$D \neq 0$，此时方程组有唯一的零解.

习题 1.4

解下列方程组

(1) $\begin{cases} x_1 + 2x_2 + 4x_3 = 0 \\ 5x_1 + x_2 + 2x_3 = 0 \\ 3x_1 + x_2 + x_3 = 0 \end{cases}$；

(2) $\begin{cases} 3x_1 + 2x_2 + x_3 = 5 \\ 2x_1 + 3x_2 + x_3 = 1 \\ 2x_1 + x_2 + 3x_3 = 11 \end{cases}$；

(3) $\begin{cases} 2x_1 + x_2 - 5x_3 + x_4 = 8 \\ x_1 - 3x_2 - 6x_4 = 9 \\ 2x_2 - x_3 + 2x_4 = -5 \\ x_1 + 4x_2 - 5x_3 + 3x_4 = 0 \end{cases}$；

(4) $\begin{cases} x_1 + a_1x_2 + a_1^2x_3 + a_1^3x_4 = 1 \\ x_1 + a_2x_2 + a_2^2x_3 + a_2^3x_4 = 1 \\ x_1 + a_3x_2 + a_3^2x_3 + a_3^3x_4 = 1 \\ x_1 + a_4x_2 + a_4^2x_3 + a_4^3x_4 = 1 \end{cases}$，

其中 a_1, a_2, a_3, a_4 为互不相同的常数.

行列式的 Matlab 实验*

例 1 计算行列式 $\begin{vmatrix} a & 1 & 0 & 0 \\ -1 & b & 1 & 0 \\ 0 & -1 & c & 1 \\ 0 & 0 & -1 & d \end{vmatrix}$ 的值.

解
```
>>clear all
>>syms a b c d
>>A=[a 1 0 0;-1 b 1 0;0 -1 c 1;0 0 -1 d];
>>D=det(A)
```
运行结果
```
D=
a*b+a*d+c*d+a*b*c*d+1
```

例 2 运用线性代数中的行列式原理来阐述香肠的配方计算方法.已知各原辅料的主要化学成分的含量如下:

化学成分	牛瘦肉	猪前肩肉	猪肋条肉	水
水分	70	60	25	100
脂肪	10	24	65	0
蛋白质	18	15	8	0
其他	2	1	2	0

想以此为主要原辅料,制作一种香薰肠,要求其水分含量为60%、脂肪含量为23%、蛋白质含量为12.5%、其他成分含量为1.5%,问牛瘦肉、猪前肩肉、猪肋条肉及水的配比为多少?

解 根据题意可列出如下线性方程组

$$\begin{cases} 70x_1+60x_2+25x_3+100x_4=60 \\ 10x_1+24x_2+65x_3=23 \\ 18x_1+15x_2+8x_3=12.5 \\ 2x_1+x_2+2x_3=1.5 \end{cases}$$

由克莱姆法则利用 Matlab 求解过程如下:
```
>>A=[70 60 25 100;10 24 65 0;18 15 8 0;2 1 2 0];
>>D=det(A);
>>b=[60 23 12.5 1.5]';
>>A(:,1)=b;
>>A1=A;
```

```
>>D1=det(A1);
>>A=[70 60 25 100;10 24 65 0;18 15 8 0;2 1 2 0];
>>D=det(A);
>>A(:,2)=b;
>>A2=A;
>>D2=det(A2);
>>A=[70 60 25 100;10 24 65 0;18 15 8 0;2 1 2 0];
>>D=det(A);
>>A(:,3)=b;
>>A3=A;
>>D3=det(A3);
>>A=[70 60 25 100;10 24 65 0;18 15 8 0;2 1 2 0];
>>D=det(A);
>>A(:,4)=b;
>>A4=A;
>>D4=det(A4);
>>x1=D1/D
>>x2= D2/D
>>x3= D3/D
>>x4= D4/D
```

运行结果：

```
x1=

  0.4385


x2=

  0.1923


x3=

  0.2154


x4=

  0.1238
```

另解

```
>>A=[70 60 25 100;10 24 65 0;18 15 8 0;2 1 2 0];
>>b=[60 23 12.5 1.5]';
>>x=A\b
```

运行结果：

```
x=

0.4385
0.1923
0.2154
0.1238
```

□ 自测题一

一、填空题

1. 行列式 $\begin{vmatrix} 1 & 2 & 3 \\ 0 & 1 & 2 \\ -4 & 2 & -5 \end{vmatrix}$ 中代数余子式 A_{23} 的值为________.

2. 行列式 $\begin{vmatrix} 0 & 0 & 0 & 1 \\ 0 & 0 & 2 & 0 \\ 0 & 3 & 0 & 0 \\ 4 & 0 & 0 & 0 \end{vmatrix} =$ ________.

3. 若 $a_ib_j \neq 0, i,j=1,2,3$，则行列式 $\begin{vmatrix} a_1b_1 & a_1b_2 & a_1b_3 \\ a_2b_1 & a_2b_2 & a_2b_3 \\ a_3b_1 & a_3b_2 & a_3b_3 \end{vmatrix} =$ ________.

4. 设三阶行列式 $D^{\mathrm{T}} = |a_{ij}| = 2$，则三阶行列式 $|-3a_{ij}| =$ ________.

5. 已知三阶行列式 $\begin{vmatrix} a_{11} & 2a_{12} & 3a_{13} \\ 2a_{21} & 4a_{22} & 6a_{23} \\ 3a_{31} & 6a_{32} & 9a_{33} \end{vmatrix} = 6$，则 $\begin{vmatrix} a_{11} & a_{12} & a_{13} \\ a_{21} & a_{22} & a_{23} \\ a_{31} & a_{32} & a_{33} \end{vmatrix} =$ ________.

6. 设三阶行列式 D_3 的第 2 列元素分别为 $1,-2,3$，对应的代数余子式分别为 $-3,2,1$，则 $D_3 =$ ________.

二、选择题

1. 设三阶行列式 $|A| = 2$，则 $|-A| =$ (　　).

(A) -6；　(B) -2；　(C) 2；　(D) 6.

2. 设行列式 $\begin{vmatrix} a_1 & b_1 \\ a_2 & b_2 \end{vmatrix} = 1$，$\begin{vmatrix} a_1 & c_1 \\ a_2 & c_2 \end{vmatrix} = 2$，则 $\begin{vmatrix} a_1 & b_1+c_1 \\ a_2 & b_2+c_2 \end{vmatrix} =$ (　　).

(A) -3; (B) -1; (C) 1; (D) 3.

3. 设 3 阶行列式 $|-2A| = 2$, 则 $|A| = ($ $)$.

(A) 1; (B) $\frac{1}{4}$; (C) $-\frac{1}{4}$; (D) -1.

4. 如果方程组 $\begin{cases} 3x_1 + kx_2 - x_3 = 0 \\ 4x_2 - x_3 = 0 \\ 4x_2 + kx_3 = 0 \end{cases}$ 有非零解，则 $k = ($ $)$.

(A) -2; (B) -1; (C) 1; (D) 2.

5. 线性方程组 $\begin{cases} x + y + z = 0 \\ 2x - 5y - 3z = 10 \\ 4x + 8y + 2z = 4 \end{cases}$ 的解为( ).

(A) $x = 2, y = 0, z = -2$; (B) $x = -2, y = 2, z = 0$;

(C) $x = 0, y = 2, z = -2$; (D) $x = 1, y = 0, z = -1$.

6. $\begin{vmatrix} a & 0 & 0 & b \\ 0 & a & b & 0 \\ 0 & c & d & 0 \\ c & 0 & 0 & d \end{vmatrix} = ($ $)$.

(A) $(ac - bd)^2$; (B) $(ad - bc)^2$; (C) $a^2d^2 - b^2c^2$; (D) $a^2d^2 + b^2c^2$.

三、计算下列行列式

(1) $\begin{vmatrix} 1 & 1 & 1 & 1 \\ 1 & -1 & 1 & 1 \\ 1 & 1 & -1 & 1 \\ 1 & 1 & 1 & -1 \end{vmatrix}$; (2) $\begin{vmatrix} 1 & 1 & 2 & 3 \\ 1 & 2-x^2 & 2 & 3 \\ 2 & 3 & 1 & 5 \\ 2 & 3 & 1 & 9-x^2 \end{vmatrix}$;

(3) $\begin{vmatrix} 1 & -1 & 0 & \cdots & 0 \\ 2 & 1 & -1 & \cdots & 0 \\ 3 & 0 & 1 & \cdots & 0 \\ \vdots & \vdots & \vdots & & \vdots \\ n & 0 & 0 & \cdots & 1 \end{vmatrix}$; (4) $\begin{vmatrix} a_1 & -a_1 & 0 & 0 \\ 0 & a_2 & -a_2 & 0 \\ 0 & 0 & a_3 & -a_3 \\ 1 & 1 & 1 & 1 \end{vmatrix}$;

(5) $\begin{vmatrix} x_1 & a_2 & a_3 & \cdots & a_n \\ a_1 & x_2 & a_3 & \cdots & a_n \\ a_1 & a_2 & x_3 & \cdots & a_n \\ \vdots & \vdots & \vdots & & \vdots \\ a_1 & a_2 & a_3 & \cdots & x_n \end{vmatrix}$, $x_i \neq a_i, i = 1, 2, \cdots, n$;

(6) $\begin{vmatrix} 1 & 1 & 2 & 3 & 1 \\ 3 & -1 & -1 & 2 & 2 \\ 2 & 3 & -1 & -1 & 0 \\ 1 & 2 & 3 & 0 & 1 \\ -2 & 2 & 1 & 1 & 0 \end{vmatrix}$.

四、设 x_1, x_2, x_3 是方程 $x^3+px+q=0$ 的三个根，求行列式 $\begin{vmatrix} x_1 & x_2 & x_3 \\ x_3 & x_1 & x_2 \\ x_2 & x_3 & x_1 \end{vmatrix}$ 的值.

五、证明等式 $\begin{vmatrix} 1 & 1 & 1 & 1 \\ x_1 & x_2 & x_3 & x_4 \\ x_1^2 & x_2^2 & x_3^2 & x_4^2 \\ x_1^4 & x_2^4 & x_3^4 & x_4^4 \end{vmatrix} = \prod_{1\leqslant j<i\leqslant 4}(x_i-x_j)\sum_{i=1}^{4}x_i.$

六、已知下列四阶行列式，分别计算 $A_{11}+A_{12}+A_{13}+A_{14}$ 的值，其中 A_{ij} 是行列式中元 a_{ij} 的代数余子式.

(1) $\begin{vmatrix} 7 & 8 & 1 & 2 \\ 2 & 4 & 3 & 1 \\ 1 & 1 & 1 & 1 \\ 2 & 5 & 7 & 9 \end{vmatrix}$； (2) $\begin{vmatrix} 1 & -5 & 1 & 3 \\ 1 & 1 & 3 & 4 \\ 1 & 1 & 2 & 3 \\ 2 & 2 & 3 & 4 \end{vmatrix}$.

七、求三次多项式 $f(x)$，使得 $f(-1)=0, f(1)=4, f(2)=3, f(3)=16$.

八、问 λ 取何值时，齐次线性方程组

$$\begin{cases} (1-\lambda)x_1-2x_2+4x_3=0 \\ 2x_1+(3-\lambda)x_2+x_3=0 \\ x_1+x_2+(1-\lambda)x_3=0 \end{cases}$$

有非零解.

Chapter 2 第 2 章

矩　阵

Matrix

矩阵是线性代数的主要研究对象之一，它在许多领域中有着广泛的应用. 本章将主要介绍矩阵的概念及运算、矩阵的逆和分块矩阵.

2.1　矩阵的概念

2.1.1　矩阵的定义

例 1　某地区三个现代农业企业 2016 年在农作物种植、农副产品加工、农机产品开发销售及种子生产经营等四个方面的收入情况如下：

企业＼产品收入	农作物种植	农副产品加工	农机产品开发销售	种子生产经营
甲	a_{11}	a_{12}	a_{13}	a_{14}
乙	a_{21}	a_{22}	a_{23}	a_{24}
丙	a_{31}	a_{32}	a_{33}	a_{34}

则企业 2016 年的产品收入可用数表简洁地表示为

$$\begin{bmatrix} a_{11} & a_{12} & a_{13} & a_{14} \\ a_{21} & a_{22} & a_{23} & a_{24} \\ a_{31} & a_{32} & a_{33} & a_{34} \end{bmatrix}.$$

例 2　某苗圃培育 n 种不同的树苗，以 $B_1, B_2, \cdots, B_n$ 表示这 n 种不同的树苗. 若将这 n 种不同的树苗供应给 m 个客户（用 $b_1, b_2, \cdots, b_m$ 表示），用 $a_{ij}(i = 1,2,\cdots,m; j = 1,2,\cdots,n)$ 表示客户 b_i 所需 B_j 种树苗的数量，则苗圃的采运方案可列表为

数量 \ 树苗 客户	B_1	B_2	$\cdots$	B_n
b_1	a_{11}	a_{12}	$\cdots$	a_{1n}
b_2	a_{21}	a_{22}	$\cdots$	a_{2n}
$\vdots$	$\vdots$	$\vdots$	$\vdots$	
b_m	a_{m1}	a_{m2}	$\cdots$	a_{mn}

将该表简化为如下的矩形数表：

$$\begin{bmatrix} a_{11} & a_{12} & \cdots & a_{1n} \\ a_{21} & a_{22} & \cdots & a_{2n} \\ \vdots & \vdots & & \vdots \\ a_{m1} & a_{m2} & \cdots & a_{mn} \end{bmatrix}.$$

通过以上的实例，我们可以引出矩阵的定义.

定义 1 $m \times n$ 个数 $a_{ij}(i=1,2,\cdots,m;j=1,2,\cdots,n)$ 按照一定的次序排成的 m 行 n 列的矩形数表：

$$\begin{bmatrix} a_{11} & a_{12} & \cdots & a_{1n} \\ a_{21} & a_{22} & \cdots & a_{2n} \\ \vdots & \vdots & & \vdots \\ a_{m1} & a_{m2} & \cdots & a_{mn} \end{bmatrix}$$

称为 m 行 n 列矩阵，简称 $m \times n$ 矩阵，记作 $\boldsymbol{A}_{m\times n}$ 或 $[a_{ij}]_{m\times n}$. 其中 a_{ij} 称为矩阵 $\boldsymbol{A}$ 的第 i 行第 j 列元素.

2.1.2 几种重要矩阵

(1)零矩阵　元素全为零的矩阵，称为零矩阵，记作 $\boldsymbol{O}$ 或 $\boldsymbol{O}_{m\times n}$.

(2)行矩阵　只有一行的矩阵 $[a_1 \quad a_2 \quad \cdots \quad a_n]$，称为行矩阵.

(3)列矩阵　只有一列的矩阵 $\begin{bmatrix} a_1 \\ a_2 \\ \vdots \\ a_m \end{bmatrix}$，称为列矩阵.

(4) n 阶方阵　当矩阵的行数和列数相等，即 $m=n$ 时，矩阵

$$\begin{bmatrix} a_{11} & a_{12} & \cdots & a_{1n} \\ a_{21} & a_{22} & \cdots & a_{2n} \\ \vdots & \vdots & & \vdots \\ a_{n1} & a_{n2} & \cdots & a_{nn} \end{bmatrix}$$

称为 n 阶方阵.

(5)对角矩阵　在 n 阶方阵 $\boldsymbol{A}$ 中，元素 $a_{11},a_{22},\cdots,a_{nn}$ 所形成的线，叫作矩阵的主对角线，主对角线以外其他位置的元素全为零的 n 阶方阵

$$\begin{bmatrix} a_{11} & 0 & \cdots & 0 \\ 0 & a_{22} & \cdots & 0 \\ \vdots & \vdots & & \vdots \\ 0 & 0 & \cdots & a_{nn} \end{bmatrix}$$

称为 n 阶对角矩阵，记作 $\boldsymbol{A}=\mathrm{diag}[a_{11},a_{22},\cdots,a_{nn}]$.

特别地，主对角线上的元素全等于 1 的 n 阶对角矩阵

$$\begin{bmatrix} 1 & & & \\ & 1 & & \\ & & \ddots & \\ & & & 1 \end{bmatrix}$$

称为 n 阶单位矩阵，记作 $\boldsymbol{E}$ 或 $\boldsymbol{E}_n$.

(6)n 阶数量矩阵　主对角线上的元素全为非零常数 k 的 n 阶对角矩阵称为 n 阶数量矩阵，记作 $k\boldsymbol{E}$ 或 $k\boldsymbol{E}_n$，即

$$k\boldsymbol{E}=\begin{bmatrix} k & & & \\ & k & & \\ & & \ddots & \\ & & & k \end{bmatrix}.$$

(7)上三角矩阵　主对角线左下方的元素全为零的方阵

$$\boldsymbol{A}=\begin{bmatrix} a_{11} & a_{12} & \cdots & a_{1n} \\ 0 & a_{22} & \cdots & a_{2n} \\ \vdots & \vdots & & \vdots \\ 0 & 0 & \cdots & a_{nn} \end{bmatrix}$$

称为上三角矩阵，下三角矩阵类似.

(8)同型矩阵　如果矩阵 $\boldsymbol{A}$ 与 $\boldsymbol{B}$ 的行数相等，列数也相等，则称 $\boldsymbol{A}$ 与 $\boldsymbol{B}$ 是同型矩阵.

2.1.3　矩阵的相等

设有两个 $m\times n$ 矩阵 $\boldsymbol{A}=[a_{ij}]$ 和 $\boldsymbol{B}=[b_{ij}]$，如果它们对应位置的元素相等，即 $a_{ij}=b_{ij}(i=1,2,\cdots,m;j=1,2,\cdots,n)$，则称矩阵 $\boldsymbol{A},\boldsymbol{B}$ 相等，记作 $\boldsymbol{A}=\boldsymbol{B}$.

□ 习题 2.1

一家开办了三个炼油厂的公司，每个炼油厂生产了三种石油产品：燃料油、柴油和汽油. 设从 1 桶原油中，第一个炼油厂可以生产出 64 L 燃料油、32 L 柴油及 16 L 汽油；第二个炼

油厂可以生产出 32 L 燃料油、80 L 柴油及 40 L 汽油；第三个炼油厂可以生产出 32 L 燃料油、32 L 柴油及 80 L 汽油；试用矩阵表示上述内容.

2.2 矩阵的运算

2.2.1 矩阵的线性运算

1. 矩阵的加法

定义 1 设矩阵 $\boldsymbol{A}=[a_{ij}]$ 与 $\boldsymbol{B}=[b_{ij}]$ 都是 $m\times n$ 矩阵，$\boldsymbol{A}$ 与 $\boldsymbol{B}$ 对应位置的元素相加，所得的矩阵 $\boldsymbol{C}=[a_{ij}+b_{ij}]_{m\times n}$ 称为矩阵 $\boldsymbol{A}$ 与 $\boldsymbol{B}$ 的和，记为 $\boldsymbol{A}+\boldsymbol{B}$，即 $\boldsymbol{C}=\boldsymbol{A}+\boldsymbol{B}$.

$$\boldsymbol{A}+\boldsymbol{B}=\begin{bmatrix} a_{11}+b_{11} & a_{12}+b_{12} & \cdots & a_{1n}+b_{1n} \\ a_{21}+b_{21} & a_{22}+b_{22} & \cdots & a_{2n}+b_{2n} \\ \vdots & \vdots & & \vdots \\ a_{m1}+b_{m1} & a_{m2}+b_{m2} & \cdots & a_{mn}+b_{mn} \end{bmatrix}.$$

例 1 设矩阵 $\boldsymbol{A}=\begin{bmatrix} -1 & -1 & 2 \\ 2 & 1 & 3 \end{bmatrix}$，$\boldsymbol{B}=\begin{bmatrix} 3 & 2 & -1 \\ -2 & 2 & -1 \end{bmatrix}$，那么

$$\boldsymbol{A}+\boldsymbol{B}=\begin{bmatrix} -1+3 & -1+2 & 2-1 \\ 2-2 & 1+2 & 3-1 \end{bmatrix}=\begin{bmatrix} 2 & 1 & 1 \\ 0 & 3 & 2 \end{bmatrix}.$$

设 $\boldsymbol{A},\boldsymbol{B},\boldsymbol{C}$ 都是 $m\times n$ 矩阵. 容易证明，矩阵的加法满足如下运算规律：

(1)交换律 $\boldsymbol{A}+\boldsymbol{B}=\boldsymbol{B}+\boldsymbol{A}$；

(2)结合律 $(\boldsymbol{A}+\boldsymbol{B})+\boldsymbol{C}=\boldsymbol{A}+(\boldsymbol{B}+\boldsymbol{C})$；

(3)$\boldsymbol{A}+\boldsymbol{O}=\boldsymbol{O}+\boldsymbol{A}$，其中 $\boldsymbol{O}$ 是与 $\boldsymbol{A}$ 同型的零矩阵.

矩阵 $\boldsymbol{A}=[a_{ij}]_{m\times n}$ 的全部元素改变符号后得到的新矩阵 $[-a_{ij}]_{m\times n}$，称为矩阵 $\boldsymbol{A}$ 的负矩阵，记作 $-\boldsymbol{A}$，即 $-\boldsymbol{A}=[-a_{ij}]_{m\times n}$.

由矩阵加法和负矩阵的概念，矩阵的减法可定义为

$$\boldsymbol{A}-\boldsymbol{B}=\boldsymbol{A}+(-\boldsymbol{B})=[a_{ij}-b_{ij}]_{m\times n}.$$

显然 $\boldsymbol{A}+(-\boldsymbol{A})=\boldsymbol{O}$.

2. 数与矩阵的乘法

定义 2 设 $\boldsymbol{A}=[a_{ij}]_{m\times n}$，$k$ 为常数，用数 k 乘以矩阵 $\boldsymbol{A}$ 的每个元素，所得的矩阵 $[ka_{ij}]_{m\times n}$ 称为数 k 与矩阵 $\boldsymbol{A}$ 的乘积，记作 $k\boldsymbol{A}$ 或 $\boldsymbol{A}k$，即

$$k\boldsymbol{A}=\boldsymbol{A}k=\begin{bmatrix} ka_{11} & ka_{12} & \cdots & ka_{1n} \\ ka_{21} & ka_{22} & \cdots & ka_{2n} \\ \vdots & \vdots & & \vdots \\ ka_{m1} & ka_{m2} & \cdots & ka_{mn} \end{bmatrix}.$$

例 2 设矩阵 $\boldsymbol{A}=\begin{bmatrix}1&1&-1\\0&1&2\end{bmatrix}$，$k=3$，则 $\boldsymbol{C}=k\boldsymbol{A}=3\begin{bmatrix}1&1&-1\\0&1&2\end{bmatrix}=\begin{bmatrix}3&3&-3\\0&3&6\end{bmatrix}$.

由定义知，数与矩阵的乘法适合下面的运算律：

(1) $k(\boldsymbol{A}+\boldsymbol{B})=k\boldsymbol{A}+k\boldsymbol{B}$；

(2) $(k+l)\boldsymbol{A}=k\boldsymbol{A}+l\boldsymbol{A}$；

(3) $(kl)\boldsymbol{A}=kl\boldsymbol{A}$.

显然，$1\cdot\boldsymbol{A}=\boldsymbol{A}$，$0\cdot\boldsymbol{A}=\boldsymbol{O}$.

例 3 设矩阵 $\boldsymbol{A}=\begin{bmatrix}-1&0&2\\-1&1&1\end{bmatrix}$，$\boldsymbol{B}=\begin{bmatrix}1&1&0\\2&1&-1\end{bmatrix}$，求 $3\boldsymbol{A}-2\boldsymbol{B}$.

解

$$\begin{aligned}3\boldsymbol{A}-2\boldsymbol{B}&=3\begin{bmatrix}-1&0&2\\-1&1&1\end{bmatrix}-2\begin{bmatrix}1&1&0\\2&1&-1\end{bmatrix}\\&=\begin{bmatrix}-3&0&6\\-3&3&3\end{bmatrix}-\begin{bmatrix}2&2&0\\4&2&-2\end{bmatrix}\\&=\begin{bmatrix}-5&-2&6\\-7&1&5\end{bmatrix}.\end{aligned}$$

例 4 设 $3\boldsymbol{X}-2\boldsymbol{A}=\boldsymbol{B}$，其中 $\boldsymbol{A}=\begin{bmatrix}0&1\\1&1\\-1&0\end{bmatrix}$，$\boldsymbol{B}=\begin{bmatrix}3&1\\1&1\\-1&0\end{bmatrix}$，求矩阵 $\boldsymbol{X}$.

解 因 $3\boldsymbol{X}-2\boldsymbol{A}=\boldsymbol{B}$，则 $\boldsymbol{X}=\dfrac{1}{3}(2\boldsymbol{A}+\boldsymbol{B})$，

而 $2\boldsymbol{A}+\boldsymbol{B}=2\begin{bmatrix}0&1\\1&1\\-1&0\end{bmatrix}+\begin{bmatrix}3&1\\1&1\\-1&0\end{bmatrix}=\begin{bmatrix}0&2\\2&2\\-2&0\end{bmatrix}+\begin{bmatrix}3&1\\1&1\\-1&0\end{bmatrix}=\begin{bmatrix}3&3\\3&3\\-3&0\end{bmatrix}$，

所以

$$\boldsymbol{X}=\begin{bmatrix}1&1\\1&1\\-1&0\end{bmatrix}.$$

2.2.2 矩阵与矩阵的乘法

定义 3 设矩阵 $\boldsymbol{A}$ 是一个 m 行 s 列矩阵，矩阵 $\boldsymbol{B}$ 是一个 s 行 n 列矩阵，即 $\boldsymbol{A}=[a_{ij}]_{m\times s}$，$\boldsymbol{B}=[b_{ij}]_{s\times n}$. 则矩阵 $\boldsymbol{A}$ 与 $\boldsymbol{B}$ 的乘积是一个 m 行 n 列矩阵 $\boldsymbol{C}=[c_{ij}]_{m\times n}$，记作 $\boldsymbol{C}=\boldsymbol{AB}$，其中，

$$c_{ij}=a_{i1}b_{1j}+a_{i2}b_{2j}+\cdots+a_{is}b_{sj}=\sum_{k=1}^{s}a_{ik}b_{kj}\ (i=1,2,\cdots,m;j=1,2,\cdots,n).$$

由此可见：

(1)只有第一个矩阵 $\boldsymbol{A}$ 的列数等于第二个矩阵 $\boldsymbol{B}$ 的行数时，$\boldsymbol{AB}$ 才有意义；

(2)乘积矩阵 $\boldsymbol{C}$ 的行数等于第一个矩阵 $\boldsymbol{A}$ 的行数,列数等于第二个矩阵 $\boldsymbol{B}$ 的列数;

(3)乘积矩阵 $\boldsymbol{C}$ 的第 i 行第 j 列元素 c_{ij} 等于第一个矩阵 $\boldsymbol{A}$ 的第 i 行与第二个矩阵 $\boldsymbol{B}$ 的第 j 列对应元素乘积之和.

例 5 设矩阵 $\boldsymbol{A}=\begin{bmatrix}1 & 1 & -1 & -1\end{bmatrix}$,$\boldsymbol{B}=\begin{bmatrix}-1\\-1\\1\\1\end{bmatrix}$,求矩阵 $\boldsymbol{AB}$ 和 $\boldsymbol{BA}$.

解 $\boldsymbol{AB}=\begin{bmatrix}1 & 1 & -1 & -1\end{bmatrix}\begin{bmatrix}-1\\-1\\1\\1\end{bmatrix}=[1\times(-1)+1\times(-1)+(-1)\times1+(-1)\times1]=-4$,

$$\boldsymbol{BA}=\begin{bmatrix}-1\\-1\\1\\1\end{bmatrix}\begin{bmatrix}1 & 1 & -1 & -1\end{bmatrix}=\begin{bmatrix}(-1)\times1 & (-1)\times1 & (-1)\times(-1) & (-1)\times(-1)\\(-1)\times1 & (-1)\times1 & (-1)\times(-1) & (-1)\times(-1)\\1\times1 & 1\times1 & 1\times(-1) & 1\times(-1)\\1\times1 & 1\times1 & 1\times(-1) & 1\times(-1)\end{bmatrix}$$

$$=\begin{bmatrix}-1 & -1 & 1 & 1\\-1 & -1 & 1 & 1\\1 & 1 & -1 & -1\\1 & 1 & -1 & -1\end{bmatrix}.$$

显然 $\boldsymbol{AB}\neq\boldsymbol{BA}$.

一般地,矩阵的乘法与数的乘法主要有以下区别:

(1) 矩阵的乘法不满足交换律. 即一般地,$\boldsymbol{AB}\neq\boldsymbol{BA}$. 特殊地,如果 $\boldsymbol{AB}=\boldsymbol{BA}$,则称 $\boldsymbol{A}$ 与 $\boldsymbol{B}$ 可交换.

例如矩阵 $\boldsymbol{A}=\begin{bmatrix}1 & 1\\0 & 1\end{bmatrix}$,$\boldsymbol{B}=\begin{bmatrix}1 & -1\\0 & 1\end{bmatrix}$是可交换的,因为 $\boldsymbol{AB}=\boldsymbol{BA}=\boldsymbol{E}_2$;

(2)两个非零矩阵的乘积可以是零矩阵,即 $\boldsymbol{A}\neq\boldsymbol{O},\boldsymbol{B}\neq\boldsymbol{O}$,但有可能 $\boldsymbol{AB}=\boldsymbol{O}$.

例如矩阵 $\boldsymbol{A}=\begin{bmatrix}1 & 0\\0 & 0\end{bmatrix}\neq\boldsymbol{O},\boldsymbol{B}=\begin{bmatrix}0 & 0\\1 & 0\end{bmatrix}\neq\boldsymbol{O}$, 但 $\boldsymbol{AB}=\begin{bmatrix}1 & 0\\0 & 0\end{bmatrix}\begin{bmatrix}0 & 0\\1 & 0\end{bmatrix}=\begin{bmatrix}0 & 0\\0 & 0\end{bmatrix}$;

(3) $\boldsymbol{A}\neq\boldsymbol{O},\boldsymbol{AB}=\boldsymbol{AC}$, 未必有 $\boldsymbol{B}=\boldsymbol{C}$, 即矩阵乘法一般不满足消去律.

例如 $\boldsymbol{A}=\begin{bmatrix}1 & 0\\0 & 0\end{bmatrix}\neq 0,\boldsymbol{B}=\begin{bmatrix}3 & 0\\0 & 0\end{bmatrix},\boldsymbol{C}=\begin{bmatrix}3 & 0\\0 & 1\end{bmatrix}$, 有 $\boldsymbol{AB}=\boldsymbol{AC}=\begin{bmatrix}3 & 0\\0 & 0\end{bmatrix}$, 但 $\boldsymbol{B}\neq\boldsymbol{C}$.

容易证明,矩阵的乘法满足以下运算规律:

(1)结合律 $(\boldsymbol{AB})\boldsymbol{C}=\boldsymbol{A}(\boldsymbol{BC})$,$(k\boldsymbol{A})\boldsymbol{B}=\boldsymbol{A}(k\boldsymbol{B})=k(\boldsymbol{AB})$ (k 为常数);

(2)左乘分配律 $\boldsymbol{A}(\boldsymbol{B}+\boldsymbol{C})=\boldsymbol{AB}+\boldsymbol{AC}$, 右乘分配律 $(\boldsymbol{B}+\boldsymbol{C})\boldsymbol{A}=\boldsymbol{BA}+\boldsymbol{CA}$;

(3)设 $\boldsymbol{A}$ 是 $m\times s$ 矩阵,$\boldsymbol{B}$ 是 $s\times n$ 矩阵,则 $\boldsymbol{E}_m\boldsymbol{A}=\boldsymbol{A},\boldsymbol{A}\boldsymbol{E}_s=\boldsymbol{A},\boldsymbol{A}\boldsymbol{E}_s\boldsymbol{B}=\boldsymbol{A}\boldsymbol{B}$.

例 6 设矩阵 $\boldsymbol{A}=\begin{bmatrix}-2 & 2 & -1\\ 2 & 1 & 2\end{bmatrix},\boldsymbol{B}=\begin{bmatrix}1 & 0 & 1\\ -1 & -1 & 1\end{bmatrix},\boldsymbol{C}=\begin{bmatrix}3 & 1\\ 0 & -1\\ 1 & 0\end{bmatrix}$,

验证 $(\boldsymbol{A}+\boldsymbol{B})\boldsymbol{C}=\boldsymbol{A}\boldsymbol{C}+\boldsymbol{B}\boldsymbol{C}$.

解 $$(\boldsymbol{A}+\boldsymbol{B})\boldsymbol{C}=\left(\begin{bmatrix}-2 & 2 & -1\\ 2 & 1 & 2\end{bmatrix}+\begin{bmatrix}1 & 0 & 1\\ -1 & -1 & 1\end{bmatrix}\right)\begin{bmatrix}3 & 1\\ 0 & -1\\ 1 & 0\end{bmatrix}$$
$$=\begin{bmatrix}-1 & 2 & 0\\ 1 & 0 & 3\end{bmatrix}\begin{bmatrix}3 & 1\\ 0 & -1\\ 1 & 0\end{bmatrix}=\begin{bmatrix}-3 & -3\\ 6 & 1\end{bmatrix}.$$

而 $$\boldsymbol{A}\boldsymbol{C}+\boldsymbol{B}\boldsymbol{C}=\begin{bmatrix}-2 & 2 & -1\\ 2 & 1 & 2\end{bmatrix}\begin{bmatrix}3 & 1\\ 0 & -1\\ 1 & 0\end{bmatrix}+\begin{bmatrix}1 & 0 & 1\\ -1 & -1 & 1\end{bmatrix}\begin{bmatrix}3 & 1\\ 0 & -1\\ 1 & 0\end{bmatrix}$$
$$=\begin{bmatrix}-7 & -4\\ 8 & 1\end{bmatrix}+\begin{bmatrix}4 & 1\\ -2 & 0\end{bmatrix}=\begin{bmatrix}-3 & -3\\ 6 & 1\end{bmatrix},$$

因此 $(\boldsymbol{A}+\boldsymbol{B})\boldsymbol{C}=\boldsymbol{A}\boldsymbol{C}+\boldsymbol{B}\boldsymbol{C}$.

例 7 设食草动物 $a_1,a_2,\cdots,a_s$ 靠食用植物 $P_1,P_2,\cdots,P_r$ 生存,在某一季节内吃掉这些植物的数量可列表如下(单位:kg):

数量 动物 / 植物	a_1	a_2	$\cdots$	a_s
P_1	x_{11}	x_{12}	$\cdots$	x_{1s}
P_2	x_{21}	x_{22}	$\cdots$	x_{2s}
$\vdots$	$\vdots$	$\vdots$		$\vdots$
P_r	x_{r1}	x_{r2}	$\cdots$	x_{rs}

另有食肉动物 $c_1,c_2,\cdots,c_t$ 靠食用食草动物 $a_1,a_2,\cdots,a_s$ 生存,在同一季节内吃掉这些动物的数量可列表如下(单位:kg):

数量 食肉动物 / 食草动物	c_1	c_2	$\cdots$	c_t
a_1	y_{11}	y_{12}	$\cdots$	y_{1t}
a_2	y_{21}	y_{22}	$\cdots$	y_{2t}
$\vdots$	$\vdots$	$\vdots$		$\vdots$
a_s	y_{s1}	y_{s2}	$\cdots$	y_{st}

试问：在该季节内，食肉动物间接吃掉植物 $P_1, P_2, \cdots, P_r$ 为多少？

解 因为食肉动物 c_i 吃掉食草动物 $a_1, a_2, \cdots, a_s$ 的数量分别为 $y_{1i}, y_{2i}, \cdots, y_{si} (i = 1, 2, \cdots, t)$，而每一食草动物 a_j 吃掉植物 P_k 的数量为 $x_{kj} (j = 1, 2, \cdots, s)$，所以食肉动物 c_i 间接吃掉植物 P_k 的数量为

$$x_{k1}y_{1i} + x_{k2}y_{2i} + \cdots + x_{ks}y_{si} \ (k = 1, 2, \cdots, r; i = 1, 2, \cdots, t).$$

这个结果恰好为矩阵 $\boldsymbol{X}$ 的第 k 行元素与矩阵 $\boldsymbol{Y}$ 的第 i 列对应元素乘积之和，食肉动物间接吃掉植物的数量为

$$\boldsymbol{XY} = \begin{bmatrix} x_{11} & x_{12} & \cdots & x_{1s} \\ x_{21} & x_{22} & \cdots & x_{2s} \\ \vdots & \vdots & & \vdots \\ x_{r1} & x_{r2} & \cdots & x_{rs} \end{bmatrix} \begin{bmatrix} y_{11} & y_{12} & \cdots & y_{1t} \\ y_{21} & y_{22} & \cdots & y_{2t} \\ \vdots & \vdots & & \vdots \\ y_{s1} & y_{s2} & \cdots & y_{st} \end{bmatrix}.$$

2.2.3 方阵的幂与方阵的多项式

定义 4 设矩阵 $\boldsymbol{A}$ 为 n 阶方阵，方阵 $\boldsymbol{A}$ 的正整数幂定义为：

$$\boldsymbol{A}^1 = \boldsymbol{A}, \boldsymbol{A}^2 = \boldsymbol{AA}, \cdots, \boldsymbol{A}^k = \boldsymbol{AA}\cdots\boldsymbol{A}(k \text{ 个 } \boldsymbol{A}),$$

其中 k 是正整数，即 $\boldsymbol{A}^k$ 就是 k 个 $\boldsymbol{A}$ 相乘.

若 $g(x)$ 是一个 m 次多项式 $g(x) = b_m x^m + b_{m-1}x^{m-1} + \cdots + b_0$，则

$$g(\boldsymbol{A}) = b_m\boldsymbol{A}^m + b_{m-1}\boldsymbol{A}^{m-1} + \cdots + b_0 E,$$

称为方阵 $\boldsymbol{A}$ 的 m 次多项式.

由于矩阵乘法满足结合律，所以方阵幂的运算满足以下运算规律：

$$\boldsymbol{A}^k\boldsymbol{A}^l = \boldsymbol{A}^{k+l}, (\boldsymbol{A}^k)^l = \boldsymbol{A}^{kl}, \text{其中 } k, l \text{ 是正整数}.$$

因为矩阵乘法不满足交换律，所以对于矩阵 $\boldsymbol{A}, \boldsymbol{B}$ 来说，一般情况下，$(\boldsymbol{AB})^k \neq \boldsymbol{A}^k\boldsymbol{B}^k$，只有当 $\boldsymbol{A}, \boldsymbol{B}$ 可交换时，才有 $(\boldsymbol{AB})^k = \boldsymbol{A}^k\boldsymbol{B}^k$.

例 8 设 $\boldsymbol{A}, \boldsymbol{B}$ 均为 n 阶方阵，则等式 $(\boldsymbol{A}+\boldsymbol{B})^2 = \boldsymbol{A}^2 + 2\boldsymbol{AB} + \boldsymbol{B}^2$ 成立的充要条件是 $\boldsymbol{A}$，$\boldsymbol{B}$ 可交换.

证明 （必要性）因为 $(\boldsymbol{A}+\boldsymbol{B})^2 = \boldsymbol{A}^2 + 2\boldsymbol{AB} + \boldsymbol{B}^2$，而

$$(\boldsymbol{A}+\boldsymbol{B})^2 = (\boldsymbol{A}+\boldsymbol{B})(\boldsymbol{A}+\boldsymbol{B}) = \boldsymbol{A}^2 + \boldsymbol{BA} + \boldsymbol{AB} + \boldsymbol{B}^2, \text{则 } \boldsymbol{BA} + \boldsymbol{AB} = 2\boldsymbol{AB},$$

即

$$\boldsymbol{BA} = \boldsymbol{AB}.$$

（充分性）由于 $(\boldsymbol{A}+\boldsymbol{B})^2 = \boldsymbol{A}^2 + \boldsymbol{BA} + \boldsymbol{AB} + \boldsymbol{B}^2$，而 $\boldsymbol{BA} = \boldsymbol{AB}$，

显然有 $(\boldsymbol{A}+\boldsymbol{B})^2 = \boldsymbol{A}^2 + 2\boldsymbol{AB} + \boldsymbol{B}^2$.

2.2.4 矩阵的转置

定义 5 设 $m\times n$ 矩阵 $\boldsymbol{A}=\begin{bmatrix} a_{11} & a_{12} & \cdots & a_{1n} \\ a_{21} & a_{22} & \cdots & a_{2n} \\ \vdots & \vdots & & \vdots \\ a_{m1} & a_{m2} & \cdots & a_{mn} \end{bmatrix}$ 把矩阵 $\boldsymbol{A}$ 的行与列互换,且不改变原来各元素的顺序所得到的 $n\times m$ 矩阵 $\begin{bmatrix} a_{11} & a_{21} & \cdots & a_{m1} \\ a_{12} & a_{22} & \cdots & a_{m2} \\ \vdots & \vdots & & \vdots \\ a_{1n} & a_{2n} & \cdots & a_{mn} \end{bmatrix}$ 称为矩阵 $\boldsymbol{A}$ 的转置矩阵,记作 $\boldsymbol{A}^{\mathrm{T}}$.

显然 $\boldsymbol{A}^{\mathrm{T}}$ 的第 i 行第 j 列元素等于 $\boldsymbol{A}$ 的第 j 行第 i 列元素. 与行列式不同,一个矩阵转置后一般来说与原来的矩阵不会相等.

矩阵的转置有如下运算规律:

(1) $(\boldsymbol{A}^{\mathrm{T}})^{\mathrm{T}}=\boldsymbol{A}$;

(2) $(\boldsymbol{A}+\boldsymbol{B})^{\mathrm{T}}=\boldsymbol{A}^{\mathrm{T}}+\boldsymbol{B}^{\mathrm{T}}$;

(3) $(k\boldsymbol{A})^{\mathrm{T}}=k\boldsymbol{A}^{\mathrm{T}}$;

(4) $(\boldsymbol{AB})^{\mathrm{T}}=\boldsymbol{B}^{\mathrm{T}}\boldsymbol{A}^{\mathrm{T}}$.

规律(1),(2),(3)是显然成立的,下面证明规律(4).

证明 设矩阵 $\boldsymbol{A}=[a_{ij}]_{m\times s}$ 与 $\boldsymbol{B}=[b_{ij}]_{s\times n}$,记 $\boldsymbol{AB}=\boldsymbol{C}=[c_{ij}]_{m\times n}$,$\boldsymbol{B}^{\mathrm{T}}\boldsymbol{A}^{\mathrm{T}}=\boldsymbol{D}=[d_{ij}]_{n\times m}$, 显然 $(\boldsymbol{AB})^{\mathrm{T}}$ 和 $\boldsymbol{B}^{\mathrm{T}}\boldsymbol{A}^{\mathrm{T}}$ 都是 $n\times m$ 矩阵.

下面仅需证明 $(\boldsymbol{AB})^{\mathrm{T}}$ 和 $\boldsymbol{B}^{\mathrm{T}}\boldsymbol{A}^{\mathrm{T}}$ 对应元素相等.

由矩阵乘法定义,$\boldsymbol{C}$ 的第 j 行第 i 列元素为 $c_{ji}=\sum_{k=1}^{s}a_{jk}b_{ki}$, 而 $\boldsymbol{B}^{\mathrm{T}}$ 的第 i 行为 $[b_{1i},b_{2i},\cdots,b_{si}]$, $\boldsymbol{A}^{\mathrm{T}}$ 的第 j 列为 $[a_{j1},a_{j2},\cdots,a_{js}]$, 所以 $\boldsymbol{D}$ 的第 i 行第 j 列元素为

$$d_{ij}=\sum_{k=1}^{s}b_{ki}a_{jk}=\sum_{k=1}^{s}a_{jk}b_{ki}=c_{ji} \qquad (i=1,2,\cdots,n;j=1,2,\cdots,m)$$

由此可知 $(\boldsymbol{AB})^{\mathrm{T}}=\boldsymbol{B}^{\mathrm{T}}\boldsymbol{A}^{\mathrm{T}}$.

(4)可以推广到有限个矩阵的情形 $(\boldsymbol{A}_1\boldsymbol{A}_2\cdots\boldsymbol{A}_k)^{\mathrm{T}}=\boldsymbol{A}_k^{\mathrm{T}}\boldsymbol{A}_{k-1}^{\mathrm{T}}\cdots\boldsymbol{A}_1^{\mathrm{T}}$.

2.2.5 对称矩阵与反对称矩阵

定义 6 设 $\boldsymbol{A}$ 为 n 阶方阵,若 $\boldsymbol{A}^{\mathrm{T}}=\boldsymbol{A}$,则称 $\boldsymbol{A}$ 为对称矩阵,如果 $\boldsymbol{A}^{\mathrm{T}}=-\boldsymbol{A}$,则称 $\boldsymbol{A}$ 为反对称矩阵.

设 $\boldsymbol{A}=[a_{ij}]_{n\times n}$, 有

(1) $\boldsymbol{A}$ 为对称矩阵的充分必要条件是 $a_{ij}=a_{ji}(i,j=1,2,\cdots,n)$, 即 $\boldsymbol{A}$ 的元素关于主对角线对称相等.

(2)$\boldsymbol{A}$ 为反对称矩阵的充分必要条件是 $a_{ij}=-a_{ji}$,$(i,j=1,2,\cdots,n)$,即 $\boldsymbol{A}$ 的元素关于主对角线对称,绝对值相等,符号相反,且主对角线上的元素等于零.

例如,矩阵 $\boldsymbol{A}=\begin{bmatrix}1&1&2\\1&2&-1\\2&-1&3\end{bmatrix}$,$\boldsymbol{B}=\begin{bmatrix}0&1&2\\-1&0&-1\\-2&1&0\end{bmatrix}$ 分别是三阶对称矩阵和三阶反对称矩阵.

若 $\boldsymbol{A},\boldsymbol{B}$ 均为对称矩阵,则对任意的常数 k,矩阵 $k\boldsymbol{A},\boldsymbol{A}+\boldsymbol{B}$ 均为对称矩阵,但 $\boldsymbol{AB}$ 未必是对称矩阵.这是因为 $(\boldsymbol{AB})^{\mathrm{T}}=\boldsymbol{B}^{\mathrm{T}}\boldsymbol{A}^{\mathrm{T}}=\boldsymbol{BA}$,但一般地,$\boldsymbol{AB}\neq\boldsymbol{BA}$.

例 9 设 $\boldsymbol{A}$ 为对称矩阵,$\boldsymbol{B}$ 为反对称矩阵,证明

(1)$\boldsymbol{B}^2$ 为对称矩阵;(2)$\boldsymbol{AB}-\boldsymbol{BA}$ 为对称矩阵.

证明

(1)由 $\boldsymbol{B}^{\mathrm{T}}=-\boldsymbol{B}$,则 $(\boldsymbol{B}^2)^{\mathrm{T}}=(\boldsymbol{BB})^{\mathrm{T}}=\boldsymbol{B}^{\mathrm{T}}\boldsymbol{B}^{\mathrm{T}}=(-\boldsymbol{B})(-\boldsymbol{B})=\boldsymbol{B}^2$;

(2)$(\boldsymbol{AB}-\boldsymbol{BA})^{\mathrm{T}}=(\boldsymbol{AB})^{\mathrm{T}}-(\boldsymbol{BA})^{\mathrm{T}}=\boldsymbol{B}^{\mathrm{T}}\boldsymbol{A}^{\mathrm{T}}-\boldsymbol{A}^{\mathrm{T}}\boldsymbol{B}^{\mathrm{T}}=-\boldsymbol{BA}-\boldsymbol{A}(-\boldsymbol{B})=\boldsymbol{AB}-\boldsymbol{BA}$.

2.2.6 方阵的行列式

定义 7 设 $\boldsymbol{A}$ 是 n 阶方阵,由 $\boldsymbol{A}$ 的元素按其在矩阵中的位置构成的 n 阶行列式,称为方阵 $\boldsymbol{A}$ 的行列式,记作 $|\boldsymbol{A}|$ 或 $\det\boldsymbol{A}$.

设 $\boldsymbol{A},\boldsymbol{B}$ 是 n 阶方阵,k 是任意常数,方阵的行列式满足如下的运算规律:

(1) $|\boldsymbol{A}^{\mathrm{T}}|=|\boldsymbol{A}|^{\mathrm{T}}=|\boldsymbol{A}|$;

(2) $|k\boldsymbol{A}|=k^n|\boldsymbol{A}|$;

(3) $|\boldsymbol{AB}|=|\boldsymbol{A}||\boldsymbol{B}|$.

一般地,若 $\boldsymbol{A}_1,\boldsymbol{A}_2,\cdots,\boldsymbol{A}_k$ 都是 n 阶方阵,则 $|\boldsymbol{A}_1\boldsymbol{A}_2\cdots\boldsymbol{A}_k|=|\boldsymbol{A}_1||\boldsymbol{A}_2|\cdots|\boldsymbol{A}_k|$.

显然 $|\boldsymbol{A}^k|=|\boldsymbol{A}|^k$.

例 10 设 $\boldsymbol{A}=\begin{bmatrix}1&0&-1\\2&1&0\\3&2&-1\end{bmatrix}$,$\boldsymbol{B}=\begin{bmatrix}-2&1&0\\0&3&1\\0&0&2\end{bmatrix}$,求 $|\boldsymbol{A}|\cdot|\boldsymbol{B}|$.

解 因为 $\boldsymbol{AB}=\begin{bmatrix}-2&1&-2\\-4&5&1\\-6&9&0\end{bmatrix}$,$|\boldsymbol{AB}|=\begin{vmatrix}-2&1&-2\\-4&5&1\\-6&9&0\end{vmatrix}=24$;

若先求得 $|\boldsymbol{A}|=\begin{vmatrix}1&0&-1\\2&1&0\\3&2&-1\end{vmatrix}=-2$,$|\boldsymbol{B}|=\begin{vmatrix}-2&1&0\\0&3&1\\0&0&2\end{vmatrix}=-12$,

同样 $|\boldsymbol{A}|\cdot|\boldsymbol{B}|=24$.

例 11 设 $\boldsymbol{A},\boldsymbol{B}$ 均为四阶方阵，且 $|\boldsymbol{A}|=-2$，$|\boldsymbol{B}|=1$，计算 $|-2\boldsymbol{A}^{\mathrm{T}}(\boldsymbol{B}^{\mathrm{T}}\boldsymbol{A})^2|$.

解 由方阵的行列式的运算规律，

$$\begin{aligned}|-2\boldsymbol{A}^{\mathrm{T}}(\boldsymbol{B}^{\mathrm{T}}\boldsymbol{A})^2| &= (-2)^4|\boldsymbol{A}^{\mathrm{T}}||(\boldsymbol{B}^{\mathrm{T}}\boldsymbol{A})^2| \\ &= 16|\boldsymbol{A}||(\boldsymbol{B}^{\mathrm{T}}\boldsymbol{A})|^2 \\ &= 16|\boldsymbol{A}||\boldsymbol{B}|^2|\boldsymbol{A}|^2=-128\end{aligned}$$

习题 2.2

1. 举例说明 n 阶行列式与 n 阶矩阵的概念有何不同？

2. 设 $\boldsymbol{A}=\begin{bmatrix}2+x & y\\ 2 & 1+z\end{bmatrix}$，$\boldsymbol{B}=\begin{bmatrix}y+2x & 0\\ z+x & 1\end{bmatrix}$，且 $\boldsymbol{A}=\boldsymbol{B}$，求 x,y,z.

3. 已知 $\boldsymbol{A}=\begin{bmatrix}1 & 2 & -1\\ 3 & 4 & 0\\ 1 & 2 & 3\end{bmatrix}$，$\boldsymbol{B}=\begin{bmatrix}1 & 0 & -1\\ 2 & 1 & 3\\ -1 & 0 & 4\end{bmatrix}$，$\boldsymbol{C}=\begin{bmatrix}2 & 7\\ 1 & -4\\ 0 & -1\end{bmatrix}$，$\boldsymbol{D}=\begin{bmatrix}-2 & 5\\ 0 & 0\\ -4 & 3\end{bmatrix}$.

(1)求 $\boldsymbol{A}+\boldsymbol{B}$；(2) 求 $2\boldsymbol{C}+\boldsymbol{D}$；(3) 试问 $\boldsymbol{A}+\boldsymbol{C}$ 有意义吗？为什么？

4. 计算

(1) $\begin{bmatrix}1 & -1 & 1\end{bmatrix}\begin{bmatrix}1\\ 1\\ 2\end{bmatrix}$；

(2) $\begin{bmatrix}1\\ 1\\ -1\end{bmatrix}\begin{bmatrix}2 & 1 & 1\end{bmatrix}$；

(3) $\begin{bmatrix}x & y & z\end{bmatrix}\begin{bmatrix}1 & -1 & 0\\ -1 & 2 & 3\\ 0 & 3 & 1\end{bmatrix}\begin{bmatrix}x\\ y\\ z\end{bmatrix}$.

5. 设 $\boldsymbol{A}=\begin{bmatrix}1 & 1 & 1\\ -1 & 1 & 1\\ 1 & -1 & 1\end{bmatrix}$，$\boldsymbol{B}=\begin{bmatrix}1 & 2 & 1\\ 1 & 3 & -1\\ 2 & 1 & 4\end{bmatrix}$，

试求：(1) $\boldsymbol{AB}-2\boldsymbol{A}$；(2) $\boldsymbol{A}^2-\boldsymbol{B}^2$；(3)$(\boldsymbol{A}-\boldsymbol{B})(\boldsymbol{A}+\boldsymbol{B})$；(4) $\boldsymbol{AB}-\boldsymbol{BA}$.

6. 求与下列矩阵可交换的矩阵：

(1) $\begin{bmatrix}0 & 0 & 1\\ 1 & 0 & 0\\ 0 & 1 & 0\end{bmatrix}$；(2) $\begin{bmatrix}1 & 0 & 0\\ 0 & 2 & 0\\ 0 & 0 & 3\end{bmatrix}$.

7. 计算下列矩阵：

(1) $\begin{bmatrix} 2 & 1 & 1 \\ 3 & 1 & 0 \\ 0 & 0 & 2 \end{bmatrix}^2$；(2) $\begin{bmatrix} 1 & 1 \\ 0 & 1 \end{bmatrix}^n$；

(3) $\begin{bmatrix} \cos\varphi & -\sin\varphi \\ \sin\varphi & \cos\varphi \end{bmatrix}^n$；(4) $\begin{bmatrix} \lambda & 1 & 0 \\ 0 & \lambda & 1 \\ 0 & 0 & \lambda \end{bmatrix}^n$.

8. 判断下列命题是否正确并说明理由：

(1) $(\boldsymbol{A}-\boldsymbol{B})(\boldsymbol{A}+\boldsymbol{B})=\boldsymbol{A}^2-\boldsymbol{B}^2$；

(2) $\boldsymbol{AB}=\boldsymbol{O}$，则 $\boldsymbol{A}=\boldsymbol{O}$ 或 $\boldsymbol{B}=\boldsymbol{O}$；

(3) $\boldsymbol{AB}=\boldsymbol{E}$，则 $\boldsymbol{A}=\boldsymbol{B}=\boldsymbol{E}$；

(4) $\boldsymbol{A}^2=\boldsymbol{E}$，则 $\boldsymbol{A}=\pm\boldsymbol{E}$；

(5)设 $\boldsymbol{A},\boldsymbol{E}$ 为 n 阶方阵，则 $(\boldsymbol{A}-\boldsymbol{E})(\boldsymbol{A}+\boldsymbol{E})=(\boldsymbol{A}+\boldsymbol{E})(\boldsymbol{A}-\boldsymbol{E})$；

(6)若矩阵 $\boldsymbol{A}$ 有一行为零，则乘积矩阵 $\boldsymbol{AB}$ 也有一行为零；

(7)若矩阵 $\boldsymbol{A}$ 有一列为零，则乘积矩阵 $\boldsymbol{AB}$ 也有一列为零.

9. 对于任意方阵 $\boldsymbol{A}$，证明：

(1) $\boldsymbol{A}+\boldsymbol{A}^{\mathrm{T}}$ 是对称矩阵，$\boldsymbol{A}-\boldsymbol{A}^{\mathrm{T}}$ 是反对称矩阵；

(2) $\boldsymbol{A}$ 可以表示为对称矩阵和反对称矩阵的和.

10. 设 $\boldsymbol{A}$ 为 n 阶反对称矩阵，证明 $|\boldsymbol{A}^2-\boldsymbol{E}|=(-1)^n\,|\boldsymbol{A}+\boldsymbol{E}|^2$.

2.3 逆矩阵

由矩阵的运算可知，零矩阵与任一同型矩阵相加，结果是原矩阵；单位矩阵与任一矩阵相乘(只要乘法可行)，结果还是原矩阵. 可以说零矩阵类似于数的运算中零的作用，而单位矩阵类似于数 1 的作用.

在数的运算中，设数 $a\neq 0$，则存在 a 的唯一的逆元(即倒数) $a^{-1}=\dfrac{1}{a}$，使 $aa^{-1}=a^{-1}a=1$，我们自然要问，在矩阵运算中，对于给定的矩阵 $\boldsymbol{A}$，是否也存在一个与之对应的矩阵 $\boldsymbol{A}^{-1}$，使 $\boldsymbol{AA}^{-1}=\boldsymbol{A}^{-1}\boldsymbol{A}=\boldsymbol{E}$ 呢？下面我们讨论这个问题.

2.3.1 逆矩阵的概念

定义 1 设 $\boldsymbol{A}$ 是 n 阶方阵，如果存在一个 n 阶方阵 $\boldsymbol{B}$，使得 $\boldsymbol{AB}=\boldsymbol{BA}=\boldsymbol{E}$，则称方阵 $\boldsymbol{A}$ 可逆，并称方阵 $\boldsymbol{B}$ 是 $\boldsymbol{A}$ 的逆矩阵，记作 $\boldsymbol{B}=\boldsymbol{A}^{-1}$，即 $\boldsymbol{AA}^{-1}=\boldsymbol{A}^{-1}\boldsymbol{A}=\boldsymbol{E}$.

由定义可知：

(1)由于 $\boldsymbol{A},\boldsymbol{B}$ 位置对称，故 $\boldsymbol{A}$、$\boldsymbol{B}$ 互逆，即 $\boldsymbol{B}=\boldsymbol{A}^{-1}$ 且 $\boldsymbol{A}=\boldsymbol{B}^{-1}$；

例如设 $\boldsymbol{A}=\begin{bmatrix} 1 & -1 & 3 \\ 2 & -1 & 4 \\ -1 & 2 & -4 \end{bmatrix}$，$\boldsymbol{B}=\begin{bmatrix} -4 & 2 & -1 \\ 4 & -1 & 2 \\ 3 & -1 & 1 \end{bmatrix}$，

可以验证 $\boldsymbol{AB}=\boldsymbol{BA}=\boldsymbol{E}$，所以 $\boldsymbol{B}=\boldsymbol{A}^{-1}$，$\boldsymbol{A}=\boldsymbol{B}^{-1}$.

(2)单位矩阵的逆矩阵是它本身.

2.3.2 逆矩阵存在的条件与求法

定义 2 设 $\boldsymbol{A}=[a_{ij}]_{n\times n}$，$A_{ij}$ 是方阵 $\boldsymbol{A}$ 的行列式 $|\boldsymbol{A}|$ 中元素 a_{ij} 的代数余子式，以 A_{ij} 为元素组成的 n 阶方阵

$$\boldsymbol{A}^*=\begin{bmatrix}A_{11} & A_{21} & \cdots & A_{n1}\\ A_{12} & A_{22} & \cdots & A_{n2}\\ \vdots & \vdots & & \vdots\\ A_{1n} & A_{2n} & \cdots & A_{nn}\end{bmatrix}$$

称为 $\boldsymbol{A}$ 的伴随矩阵.

例 1 求 $\boldsymbol{A}=\begin{bmatrix}1 & 1 & -1\\ 1 & 2 & -3\\ 0 & 1 & 1\end{bmatrix}$ 的伴随矩阵 $\boldsymbol{A}^*$，并计算 $\boldsymbol{AA}^*$.

解 $|\boldsymbol{A}|=\begin{vmatrix}1 & 1 & -1\\ 1 & 2 & -3\\ 0 & 1 & 1\end{vmatrix}=3$ 且

$$A_{11}=(-1)^{1+1}\begin{vmatrix}2 & -3\\ 1 & 1\end{vmatrix}=5,A_{12}=(-1)^{1+2}\begin{vmatrix}1 & -3\\ 0 & 1\end{vmatrix}=-1,$$

$$A_{13}=(-1)^{1+3}\begin{vmatrix}1 & 2\\ 0 & 1\end{vmatrix}=1,A_{21}=(-1)^{2+1}\begin{vmatrix}1 & -1\\ 1 & 1\end{vmatrix}=-2,$$

$$A_{22}=(-1)^{2+2}\begin{vmatrix}1 & -1\\ 0 & 1\end{vmatrix}=1,A_{23}=(-1)^{2+3}\begin{vmatrix}1 & 1\\ 0 & 1\end{vmatrix}=-1,$$

$$A_{31}=(-1)^{3+1}\begin{vmatrix}1 & -1\\ 2 & -3\end{vmatrix}=-1,A_{32}=(-1)^{3+2}\begin{vmatrix}1 & -1\\ 1 & -3\end{vmatrix}=2,$$

$$A_{33}=(-1)^{3+3}\begin{vmatrix}1 & 1\\ 1 & 2\end{vmatrix}=1,$$

因此 $\boldsymbol{A}$ 的伴随矩阵 $\boldsymbol{A}^*=\begin{bmatrix}5 & -2 & -1\\ -1 & 1 & 2\\ 1 & -1 & 1\end{bmatrix}$.

由矩阵的乘法 $\boldsymbol{AA}^*=\begin{bmatrix}1 & 1 & -1\\ 1 & 2 & -3\\ 0 & 1 & 1\end{bmatrix}\begin{bmatrix}5 & -2 & -1\\ -1 & 1 & 2\\ 1 & -1 & 1\end{bmatrix}=3\begin{bmatrix}1 & 0 & 0\\ 0 & 1 & 0\\ 0 & 0 & 1\end{bmatrix}=|\boldsymbol{A}|\boldsymbol{E}$.

定理 1 设 $\boldsymbol{A}$ 是 n 阶方阵，$\boldsymbol{A}^*$ 是 $\boldsymbol{A}$ 的伴随矩阵，则 $\boldsymbol{A}\boldsymbol{A}^* = \boldsymbol{A}^*\boldsymbol{A} = |\boldsymbol{A}|\boldsymbol{E}$.

证明 设 $\boldsymbol{A}\boldsymbol{A}^* = \boldsymbol{C} = [c_{ij}]$，其中 $c_{ij} = a_{i1}A_{j1} + a_{i2}A_{j2} + \cdots + a_{in}A_{jn} = \begin{cases} |\boldsymbol{A}| & \text{当 } i = j \text{ 时} \\ 0 & \text{当 } i \neq j \text{ 时} \end{cases}$，

$$\boldsymbol{A}\boldsymbol{A}^* = \begin{bmatrix} |\boldsymbol{A}| & 0 & \cdots & 0 \\ 0 & |\boldsymbol{A}| & \cdots & 0 \\ \vdots & \vdots & & \vdots \\ 0 & 0 & \cdots & |\boldsymbol{A}| \end{bmatrix} = |\boldsymbol{A}|\boldsymbol{E}.$$

同理可证 $\boldsymbol{A}^*\boldsymbol{A} = |\boldsymbol{A}|\boldsymbol{E}$.

当 $|\boldsymbol{A}| \neq 0$ 时，$\boldsymbol{A}\left(\frac{1}{|\boldsymbol{A}|}\boldsymbol{A}^*\right) = \left(\frac{1}{|\boldsymbol{A}|}\boldsymbol{A}^*\right)\boldsymbol{A} = \boldsymbol{E}$，

故当 $|\boldsymbol{A}| \neq 0$ 时，$\boldsymbol{A}$ 可逆，且 $\boldsymbol{A}^{-1} = \frac{1}{|\boldsymbol{A}|}\boldsymbol{A}^*$.

定理 2 n 阶方阵 $\boldsymbol{A}$ 可逆的充分必要条件为 $|\boldsymbol{A}| \neq 0$，且 $\boldsymbol{A}^{-1} = \frac{\boldsymbol{A}^*}{|\boldsymbol{A}|}$.

该定理不仅给出了 $\boldsymbol{A}$ 可逆的充要条件，而且还提供了求 $\boldsymbol{A}^{-1}$ 的一种方法(读者可以自行证明).

例 2 求 $\boldsymbol{A} = \begin{bmatrix} 1 & 1 & -1 \\ 1 & 2 & -3 \\ 0 & 1 & 1 \end{bmatrix}$ 的逆矩阵.

解 由于 $|\boldsymbol{A}| = \begin{vmatrix} 1 & 1 & -1 \\ 1 & 2 & -3 \\ 0 & 1 & 1 \end{vmatrix} = 3 \neq 0$，故 $\boldsymbol{A}$ 可逆，由例 1 知 $\boldsymbol{A}$ 的伴随矩阵

$$\boldsymbol{A}^* = \begin{bmatrix} 5 & -2 & -1 \\ -1 & 1 & 2 \\ 1 & -1 & 1 \end{bmatrix},$$

故 $\boldsymbol{A}$ 的逆矩阵为

$$\boldsymbol{A}^{-1} = \frac{1}{|\boldsymbol{A}|}\boldsymbol{A}^* = \frac{1}{3}\begin{bmatrix} 5 & -2 & -1 \\ -1 & 1 & 2 \\ 1 & -1 & 1 \end{bmatrix} = \begin{bmatrix} \frac{5}{3} & -\frac{2}{3} & -\frac{1}{3} \\ -\frac{1}{3} & \frac{1}{3} & \frac{2}{3} \\ \frac{1}{3} & -\frac{1}{3} & \frac{1}{3} \end{bmatrix}.$$

显然，若 $a_{11}, a_{22}, \cdots, a_{nn} \neq 0$，则 n 阶对角矩阵

$$\boldsymbol{\Lambda} = \begin{bmatrix} a_{11} & & & \\ & a_{22} & & \\ & & \ddots & \\ & & & a_{nn} \end{bmatrix}$$

可逆，且

$$\boldsymbol{\Lambda}^{-1} = \begin{bmatrix} a_{11}^{-1} & & & \\ & a_{22}^{-1} & & \\ & & \ddots & \\ & & & a_{nn}^{-1} \end{bmatrix}.$$

求逆矩阵的运算容易出错，所以在求得 $\boldsymbol{A}$ 的逆矩阵 $\boldsymbol{A}^{-1}$ 后，要验证 $\boldsymbol{AA}^{-1}$ 是否等于 $\boldsymbol{E}$.

由上面的例 2 可以看出，当方阵 $\boldsymbol{A}$ 的阶数很高时，求 $\boldsymbol{A}$ 的伴随矩阵是相当麻烦的，从而求逆矩阵的计算也就困难了. 因此，以后还将介绍求逆矩阵的较简便方法.

推论 设 $\boldsymbol{A}$、$\boldsymbol{B}$ 是 n 阶方阵，若 $\boldsymbol{AB}=\boldsymbol{E}$，则必有 $\boldsymbol{BA}=\boldsymbol{E}$.

证明 由 $\boldsymbol{AB}=\boldsymbol{E}$ 得 $|\boldsymbol{AB}|=|\boldsymbol{A}||\boldsymbol{B}|=|\boldsymbol{E}|=1\neq 0$，所以 $|\boldsymbol{A}|\neq 0$，$|\boldsymbol{B}|\neq 0$，由定理 2 知 $\boldsymbol{A}$、$\boldsymbol{B}$ 都可逆，且 $\boldsymbol{BA}=(\boldsymbol{A}^{-1}\boldsymbol{A})(\boldsymbol{BA})=\boldsymbol{A}^{-1}(\boldsymbol{AB})\boldsymbol{A}=\boldsymbol{A}^{-1}\boldsymbol{EA}=\boldsymbol{E}$.

推论说明，若 $\boldsymbol{AB}=\boldsymbol{E}$，则 $\boldsymbol{A}$，$\boldsymbol{B}$ 互逆。因此判断 $\boldsymbol{B}$ 是否为 $\boldsymbol{A}$ 的逆矩阵(或 $\boldsymbol{A}$ 是否为 $\boldsymbol{B}$ 的逆矩阵)，只要验证 $\boldsymbol{AB}=\boldsymbol{E}$ 即可.

例 3 已知 n 阶方阵 $\boldsymbol{A}$ 满足 $\boldsymbol{A}^2-\boldsymbol{A}-2\boldsymbol{E}=\boldsymbol{O}$，证明：$\boldsymbol{A}$ 和 $\boldsymbol{E}-\boldsymbol{A}$ 都可逆，并求它们的逆矩阵.

证明 由 $\boldsymbol{A}^2-\boldsymbol{A}-2\boldsymbol{E}=\boldsymbol{O}$，得 $\boldsymbol{A}(\boldsymbol{E}-\boldsymbol{A})=-2\boldsymbol{E}$，即 $\boldsymbol{A}\left(\dfrac{\boldsymbol{E}-\boldsymbol{A}}{-2}\right)=\boldsymbol{E}$.

由定理 2 的推论知 $\boldsymbol{A}$ 和 $\boldsymbol{E}-\boldsymbol{A}$ 都可逆，且 $\boldsymbol{A}^{-1}=\dfrac{\boldsymbol{A}-\boldsymbol{E}}{2}$，$(\boldsymbol{E}-\boldsymbol{A})^{-1}=-\dfrac{\boldsymbol{A}}{2}$.

有了逆矩阵的概念之后，我们可以利用逆矩阵法求解系数行列式不等于零的含有 n 个未知量 n 个方程的方程组.

线性方程组

$$\begin{cases} a_{11}x_1+a_{12}x_2+\cdots+a_{1n}x_n=b_1 \\ a_{21}x_1+a_{22}x_2+\cdots+a_{2n}x_n=b_2 \\ \qquad\qquad\cdots\cdots \\ a_{n1}x_1+a_{n2}x_2+\cdots+a_{nn}x_n=b_n \end{cases}$$

的矩阵形式为 $\boldsymbol{AX}=\boldsymbol{b}$，其中

$$\boldsymbol{A}=\begin{bmatrix} a_{11} & a_{12} & \cdots & a_{1n} \\ a_{21} & a_{22} & \cdots & a_{2n} \\ \vdots & \vdots & & \vdots \\ a_{n1} & a_{n2} & \cdots & a_{nn} \end{bmatrix}, \boldsymbol{X}=\begin{bmatrix} x_1 \\ x_2 \\ \vdots \\ x_n \end{bmatrix}, \boldsymbol{b}=\begin{bmatrix} b_1 \\ b_2 \\ \vdots \\ b_n \end{bmatrix}.$$

A 为线性方程组的系数矩阵.

当 $|A| \neq 0$ 时，A^{-1} 存在，$AX = b$ 两端左乘 A^{-1}，得 $A^{-1}(AX) = A^{-1}b$，即 $X = A^{-1}b$. 这就是线性方程组解的矩阵表达式.

例 4 利用逆矩阵求解方程组

$$\begin{cases} 2x_1 + 2x_2 + 3x_3 = 2 \\ x_1 - x_2 = 2 \\ -x_1 + 2x_2 + x_3 = 4 \end{cases}.$$

解 将方程组写成矩阵形式 $AX = b$，其中

$$A = \begin{bmatrix} 2 & 2 & 3 \\ 1 & -1 & 0 \\ -1 & 2 & 1 \end{bmatrix}, X = \begin{bmatrix} x_1 \\ x_2 \\ x_3 \end{bmatrix}, b = \begin{bmatrix} 2 \\ 2 \\ 4 \end{bmatrix}.$$

计算得 $|A| = -1 \neq 0$，故 A 可逆，因而有 $X = A^{-1}b$，
即

$$\begin{bmatrix} x_1 \\ x_2 \\ x_3 \end{bmatrix} = \begin{bmatrix} 2 & 2 & 3 \\ 1 & -1 & 0 \\ -1 & 2 & 1 \end{bmatrix}^{-1} \begin{bmatrix} 2 \\ 2 \\ 4 \end{bmatrix} = \begin{bmatrix} 1 & -4 & -3 \\ 1 & -5 & -3 \\ -1 & 6 & 4 \end{bmatrix} \begin{bmatrix} 2 \\ 2 \\ 4 \end{bmatrix} = \begin{bmatrix} -18 \\ -20 \\ 26 \end{bmatrix}.$$

方程组的解为 $x_1 = -18, x_2 = -20, x_3 = 26$.

2.3.3 逆矩阵的运算性质

在以下性质中，设 n 阶矩阵 A、B 皆可逆，数 $k \neq 0$. 则

(1) $(A^{-1})^{-1} = A$；

(2) $(kA)^{-1} = \frac{1}{k}A^{-1}$；

(3) $|A^{-1}| = |A|^{-1} = \frac{1}{|A|}$；

(4) $(A^{T})^{-1} = (A^{-1})^{T}$；

(5) $(AB)^{-1} = B^{-1}A^{-1}$；

证 只证明(5)式，其余的性质读者可自行证明.

因为 A、B 均是 n 阶可逆矩阵，所以 $|A| \neq 0, |B| \neq 0, |AB| = |A||B| \neq 0$，$AB$ 可逆，且 $(AB)(B^{-1}A^{-1}) = A(BB^{-1})A^{-1} = AEA^{-1} = AA^{-1} = E$. 所以 AB 可逆，$(AB)^{-1} = B^{-1}A^{-1}$.
性质(5)可以推广到有限个可逆矩阵的情形.

若 $A_1, A_2, \cdots, A_k$ 是 n 阶可逆矩阵，则乘积 $A_1A_2\cdots A_k$ 可逆，且 $(A_1A_2\cdots A_k)^{-1} = A_k^{-1}A_{k-1}^{-1}\cdots A_2^{-1}A_1^{-1}$，特别地，$(A^k)^{-1} = (A^{-1})^k$.

例 5 设三阶矩阵 $\boldsymbol{A}$、$\boldsymbol{B}$ 满足关系式 $\boldsymbol{A}^{-1}\boldsymbol{B}\boldsymbol{A}=\boldsymbol{B}\boldsymbol{A}+6\boldsymbol{A}$，且

$$\boldsymbol{A}=\begin{bmatrix}\frac{1}{3}&0&0\\0&\frac{1}{4}&0\\0&0&\frac{1}{7}\end{bmatrix},$$

求矩阵 $\boldsymbol{B}$.

解 由于 $\boldsymbol{A}$ 可逆，将 $\boldsymbol{A}^{-1}\boldsymbol{B}\boldsymbol{A}=\boldsymbol{B}\boldsymbol{A}+6\boldsymbol{A}$ 两端右乘 $\boldsymbol{A}^{-1}$，有 $\boldsymbol{A}^{-1}\boldsymbol{B}=\boldsymbol{B}+6\boldsymbol{E}$，移项得 $(\boldsymbol{A}^{-1}-\boldsymbol{E})\boldsymbol{B}=6\boldsymbol{E}$，于是 $\boldsymbol{B}=\left[\frac{1}{6}(\boldsymbol{A}^{-1}-\boldsymbol{E})\right]^{-1}=6\,(\boldsymbol{A}^{-1}-\boldsymbol{E})^{-1}$.

因为 $\boldsymbol{A}$ 是对角矩阵，所以 $\boldsymbol{A}^{-1}=\begin{bmatrix}3&0&0\\0&4&0\\0&0&7\end{bmatrix}$，

于是
$$\boldsymbol{A}^{-1}-\boldsymbol{E}=\begin{bmatrix}2&0&0\\0&3&0\\0&0&6\end{bmatrix},$$

从而
$$(\boldsymbol{A}^{-1}-\boldsymbol{E})^{-1}=\begin{bmatrix}\frac{1}{2}&0&0\\0&\frac{1}{3}&0\\0&0&\frac{1}{6}\end{bmatrix},$$

故
$$\boldsymbol{B}=6\,(\boldsymbol{A}^{-1}-\boldsymbol{E})^{-1}=\begin{bmatrix}3&0&0\\0&2&0\\0&0&1\end{bmatrix}.$$

2.3.4 伴随矩阵的性质

(1)若 $\boldsymbol{A}$,$\boldsymbol{B}$ 为同阶可逆矩阵，则 $(\boldsymbol{A}\boldsymbol{B})^*=\boldsymbol{B}^*\boldsymbol{A}^*$；

(2)若 $\boldsymbol{A}$ 可逆，则 $\boldsymbol{A}^*$ 可逆，$\boldsymbol{A}^*=|\boldsymbol{A}|\cdot\boldsymbol{A}^{-1}$，$(\boldsymbol{A}^*)^{-1}=\frac{1}{|\boldsymbol{A}|}\boldsymbol{A}$；

(3) $(\boldsymbol{A}^*)^{\mathrm{T}}=(\boldsymbol{A}^{\mathrm{T}})^*$；

(4)若 n 阶方阵 $\boldsymbol{A}$ 可逆，则 $\boldsymbol{A}^*=|\boldsymbol{A}|^{n-1}$；

(5)若 n 阶方阵 $\boldsymbol{A}$ 可逆，则 $\boldsymbol{A}^*$ 可逆，$(\boldsymbol{A}^*)^*=|\boldsymbol{A}|^{n-2}\cdot\boldsymbol{A}$.

□ 习题 2.3

1. 求下列矩阵的逆矩阵：

(1) $\begin{bmatrix} 1 & 2 \\ 2 & 5 \end{bmatrix}$；(2) $\begin{bmatrix} \cos\theta & -\sin\theta \\ \sin\theta & \cos\theta \end{bmatrix}$；(3) $\begin{bmatrix} 1 & 2 & 3 \\ 2 & 2 & 1 \\ 3 & 4 & 3 \end{bmatrix}$；(4) $\begin{bmatrix} 1 & 1 & 0 & 0 \\ 0 & 1 & 1 & 0 \\ 0 & 0 & 1 & 1 \\ 0 & 0 & 0 & 1 \end{bmatrix}$.

2. 利用逆矩阵，解下列矩阵方程：

(1) $\begin{bmatrix} 2 & 5 \\ 1 & 3 \end{bmatrix}\boldsymbol{B} = \begin{bmatrix} 1 & 1 \\ -1 & 0 \end{bmatrix}$；

(2) $\begin{bmatrix} 2 & 3 & -1 \\ 1 & 2 & 0 \\ -1 & 2 & -2 \end{bmatrix}\boldsymbol{X} = \begin{bmatrix} 2 & 1 \\ -1 & 0 \\ 3 & 1 \end{bmatrix}$；

(3) $\boldsymbol{A}\begin{bmatrix} 1 & 1 & 1 \\ 0 & 1 & 1 \\ 0 & 0 & 1 \end{bmatrix} = \begin{bmatrix} 1 & -2 & 1 \\ 0 & 1 & -1 \end{bmatrix}$.

3. 证明：可逆对称矩阵的逆矩阵仍是对称矩阵.

4. 设 $\boldsymbol{A}$, $\boldsymbol{B}$ 为可逆矩阵，试证：$(\boldsymbol{AB})^* = \boldsymbol{B}^*\boldsymbol{A}^*$.

5. (1) 若 $\boldsymbol{A}^3 + 2\boldsymbol{A}^2 + \boldsymbol{A} - \boldsymbol{E} = \boldsymbol{O}$. 证明：$\boldsymbol{A}$ 可逆，并求 $\boldsymbol{A}^{-1}$.

(2) 若 $\boldsymbol{A}^2 - \boldsymbol{A} - 4\boldsymbol{E} = \boldsymbol{O}$，证明：$\boldsymbol{A}+\boldsymbol{E}$ 可逆，并求 $(\boldsymbol{A}+\boldsymbol{E})^{-1}$.

6. 利用逆矩阵，解线性方程组

$$\begin{cases} x_1 + x_2 + x_3 = 1 \\ 2x_2 + 2x_3 = 1 \\ x_1 - x_2 = 2 \end{cases}.$$

7. 设矩阵 $\boldsymbol{A}$、$\boldsymbol{B}$ 满足关系式 $\boldsymbol{AB} = 2\boldsymbol{B} + \boldsymbol{A}$，且 $\boldsymbol{A} = \begin{bmatrix} 3 & 0 & 1 \\ 1 & 1 & 0 \\ 0 & 1 & 4 \end{bmatrix}$，求矩阵 $\boldsymbol{B}$.

8. 设 $\boldsymbol{A}$ 为可逆方阵，且 $\boldsymbol{AB} = \boldsymbol{BA}$，则 $\boldsymbol{A}^{-1}\boldsymbol{B} = \boldsymbol{BA}^{-1}$.

2.4 分块矩阵

在一些复杂的矩阵计算问题中，为了简化矩阵的运算，对于某些阶数较高的矩阵，往往采用分块方法将矩阵分成若干小块，化高阶矩阵为低阶矩阵.

2.4.1 分块矩阵的概念

用若干条横线和纵线把矩阵 $\boldsymbol{A}$ 分成若干小块，每一个小块作为一个矩阵，称为矩阵 $\boldsymbol{A}$ 的子块(或子矩阵).把 $\boldsymbol{A}$ 的每一个子块作为一个元素构成的矩阵称为分块矩阵.

例如矩阵

$$\boldsymbol{A}=\begin{bmatrix}1&0&0&0&2\\0&1&0&1&-3\\0&0&1&-1&0\\0&0&0&4&1\\0&0&0&1&1\end{bmatrix}=\begin{bmatrix}\boldsymbol{A}_{11}&\boldsymbol{A}_{12}\\\boldsymbol{A}_{21}&\boldsymbol{A}_{22}\end{bmatrix}$$

其中,$\boldsymbol{A}_{11}=\begin{bmatrix}1&0&0\\0&1&0\\0&0&1\end{bmatrix}$,$\boldsymbol{A}_{12}=\begin{bmatrix}0&2\\1&-3\\-1&0\end{bmatrix}$,$\boldsymbol{A}_{21}=\begin{bmatrix}0&0&0\\0&0&0\end{bmatrix}$,$\boldsymbol{A}_{22}=\begin{bmatrix}4&1\\1&1\end{bmatrix}$.

矩阵可以根据需要任意分块,同一矩阵依分法不同,可以构成不同的分块矩阵.

我们常用的是将 $\boldsymbol{A}=[a_{ij}]_{m\times n}$ 按列或行分块,

$$\boldsymbol{A}=[\boldsymbol{A}_1,\boldsymbol{A}_2,\cdots,\boldsymbol{A}_n],\text{其中},\boldsymbol{A}_j=\begin{bmatrix}a_{1j}\\a_{2j}\\\vdots\\a_{mj}\end{bmatrix}(j=1,2,\cdots,n)\text{ 为 }\boldsymbol{A}\text{ 的第 }j\text{ 个列矩阵.}$$

或 $\boldsymbol{A}=\begin{bmatrix}\boldsymbol{B}_1\\\boldsymbol{B}_2\\\vdots\\\boldsymbol{B}_m\end{bmatrix}$,其中,$\boldsymbol{B}_i=[a_{i1}\quad a_{i2}\quad\cdots\quad a_{in}](i=1,2,\cdots,m)$ 为 $\boldsymbol{A}$ 的第 i 个行矩阵.

若一个 n 阶矩阵 $\boldsymbol{C}$ 有非零元素集中在主对角线附近,则可将其分成如下的对角分块矩阵(又称准对角矩阵)

$$\boldsymbol{C}=\begin{bmatrix}\boldsymbol{c}_1&&&\\&\boldsymbol{c}_2&&\\&&\ddots&\\&&&\boldsymbol{c}_s\end{bmatrix},$$

其中,$\boldsymbol{c}_i(i=1,2,\cdots,s)$ 是 $\boldsymbol{C}$ 的 n_i 阶矩阵,且 $\sum_{i=1}^{s}n_i=n$.

例如 $\boldsymbol{C}=\begin{bmatrix}1&1&0&0&0\\2&-1&0&0&0\\0&0&3&0&0\\0&0&0&1&2\\0&0&0&0&1\end{bmatrix}=\begin{bmatrix}\boldsymbol{c}_1&&\\&\boldsymbol{c}_2&\\&&\boldsymbol{c}_3\end{bmatrix}$,

其中,$\boldsymbol{c}_1=\begin{bmatrix}1&1\\2&-1\end{bmatrix}$,$\boldsymbol{c}_2=[3]$,$\boldsymbol{c}_3=\begin{bmatrix}1&2\\0&1\end{bmatrix}$.

2.4.2 分块矩阵的运算

1. 分块矩阵的加法

设 $\boldsymbol{A},\boldsymbol{B}$ 都是 $m\times n$ 矩阵，用相同的分法将 $\boldsymbol{A},\boldsymbol{B}$ 分块为

$$\boldsymbol{A}=\begin{bmatrix}\boldsymbol{A}_{11} & \boldsymbol{A}_{12} & \cdots & \boldsymbol{A}_{1s}\\ \boldsymbol{A}_{21} & \boldsymbol{A}_{22} & \cdots & \boldsymbol{A}_{2s}\\ \vdots & \vdots & & \vdots\\ \boldsymbol{A}_{r1} & \boldsymbol{A}_{r2} & \cdots & \boldsymbol{A}_{rs}\end{bmatrix},\quad \boldsymbol{B}=\begin{bmatrix}\boldsymbol{B}_{11} & \boldsymbol{B}_{12} & \cdots & \boldsymbol{B}_{1s}\\ \boldsymbol{B}_{21} & \boldsymbol{B}_{22} & \cdots & \boldsymbol{B}_{2s}\\ \vdots & \vdots & & \vdots\\ \boldsymbol{B}_{r1} & \boldsymbol{B}_{r2} & \cdots & \boldsymbol{B}_{rs}\end{bmatrix}$$

其中，$\boldsymbol{A}_{ij}$，$\boldsymbol{B}_{ij}$（$i=1,2,\cdots,r;j=1,2,\cdots,s$）都是同型矩阵，则

$$\boldsymbol{A}\pm\boldsymbol{B}=\begin{bmatrix}\boldsymbol{A}_{11}\pm\boldsymbol{B}_{11} & \boldsymbol{A}_{12}\pm\boldsymbol{B}_{12} & \cdots & \boldsymbol{A}_{1s}\pm\boldsymbol{B}_{1s}\\ \boldsymbol{A}_{21}\pm\boldsymbol{B}_{21} & \boldsymbol{A}_{22}\pm\boldsymbol{B}_{22} & \cdots & \boldsymbol{A}_{2s}\pm\boldsymbol{B}_{2s}\\ \vdots & \vdots & & \vdots\\ \boldsymbol{A}_{r1}\pm\boldsymbol{B}_{r1} & \boldsymbol{A}_{r2}\pm\boldsymbol{B}_{r2} & \cdots & \boldsymbol{A}_{rs}\pm\boldsymbol{B}_{rs}\end{bmatrix}.$$

例 1 设有矩阵

$$\boldsymbol{A}=\begin{bmatrix}1 & -1 & \cdots & 0 & 2\\ 1 & -1 & \cdots & 2 & 1\\ \vdots & \vdots & & \vdots & \vdots\\ 3 & 2 & \cdots & 1 & 1\end{bmatrix},\boldsymbol{B}=\begin{bmatrix}-1 & 1 & \cdots & 1 & -1\\ -1 & 2 & \cdots & 1 & -1\\ \vdots & \vdots & & \vdots & \vdots\\ -2 & -1 & \cdots & -1 & 2\end{bmatrix},$$

这里 $\boldsymbol{A},\boldsymbol{B}$ 可视为 2×2 分块矩阵，而且每一对应子块的行列数都相等，因此这两个分块矩阵可以相加

$$\boldsymbol{A}+\boldsymbol{B}=\begin{bmatrix}0 & 0 & 1 & 1\\ 0 & 1 & 3 & 0\\ 1 & 1 & 0 & 3\end{bmatrix}.$$

显然两个分块矩阵之和仍然是一分块矩阵，而且与普通矩阵相加所得的结果是一致的.

---

2. 数乘分块矩阵

设
$$\boldsymbol{A}=\begin{bmatrix}\boldsymbol{A}_{11} & \boldsymbol{A}_{12} & \cdots & \boldsymbol{A}_{1s}\\ \boldsymbol{A}_{21} & \boldsymbol{A}_{22} & \cdots & \boldsymbol{A}_{2s}\\ \vdots & \vdots & & \vdots\\ \boldsymbol{A}_{r1} & \boldsymbol{A}_{r2} & \cdots & \boldsymbol{A}_{rs}\end{bmatrix}$$

用数 k 乘分块矩阵 $\boldsymbol{A}$，等于用数 k 乘分块矩阵 $\boldsymbol{A}$ 每一个子块，即

$$k\boldsymbol{A}=\begin{bmatrix}k\boldsymbol{A}_{11} & k\boldsymbol{A}_{12} & \cdots & k\boldsymbol{A}_{1s}\\ k\boldsymbol{A}_{21} & k\boldsymbol{A}_{22} & \cdots & k\boldsymbol{A}_{2s}\\ \vdots & \vdots & & \vdots\\ k\boldsymbol{A}_{r1} & k\boldsymbol{A}_{r2} & \cdots & k\boldsymbol{A}_{rs}\end{bmatrix}.$$

3.分块矩阵的乘法

设 $\boldsymbol{A}$ 为 $m\times l$ 矩阵,$\boldsymbol{B}$ 为 $l\times n$ 矩阵,对 $\boldsymbol{A},\boldsymbol{B}$ 分块,若它们的分块矩阵分别为

$$\boldsymbol{A}=\begin{bmatrix}\boldsymbol{A}_{11} & \boldsymbol{A}_{12} & \cdots & \boldsymbol{A}_{1s}\\ \boldsymbol{A}_{21} & \boldsymbol{A}_{22} & \cdots & \boldsymbol{A}_{2s}\\ \vdots & \vdots & & \vdots\\ \boldsymbol{A}_{r1} & \boldsymbol{A}_{r2} & \cdots & \boldsymbol{A}_{rs}\end{bmatrix},\quad \boldsymbol{B}=\begin{bmatrix}\boldsymbol{B}_{11} & \boldsymbol{B}_{12} & \cdots & \boldsymbol{B}_{1t}\\ \boldsymbol{B}_{21} & \boldsymbol{B}_{22} & \cdots & \boldsymbol{B}_{2t}\\ \vdots & \vdots & & \vdots\\ \boldsymbol{B}_{s1} & \boldsymbol{B}_{s2} & \cdots & \boldsymbol{B}_{st}\end{bmatrix}$$

且子块 $\boldsymbol{A}_{i1},\boldsymbol{A}_{i2},\cdots,\boldsymbol{A}_{is}$ 列数分别等于子块 $\boldsymbol{B}_{1j},\boldsymbol{B}_{2j},\cdots,\boldsymbol{B}_{sj}$ 的行数($i=1,2,\cdots,r;j=1,2,\cdots,t$),

则
$$\boldsymbol{AB}=\begin{bmatrix}\boldsymbol{C}_{11} & \boldsymbol{C}_{12} & \cdots & \boldsymbol{C}_{1t}\\ \boldsymbol{C}_{21} & \boldsymbol{C}_{22} & \cdots & \boldsymbol{C}_{2t}\\ \vdots & \vdots & & \vdots\\ \boldsymbol{C}_{r1} & \boldsymbol{C}_{r2} & \cdots & \boldsymbol{C}_{rt}\end{bmatrix}.$$

其中,$\boldsymbol{C}_{ij}=\boldsymbol{A}_{i1}\boldsymbol{B}_{1j}+\boldsymbol{A}_{i2}\boldsymbol{B}_{2j}+\cdots+\boldsymbol{A}_{is}\boldsymbol{B}_{sj}=\sum_{k=1}^{s}\boldsymbol{A}_{ik}\boldsymbol{B}_{kj}(i=1,2,\cdots,r;j=1,2,\cdots,t)$.

例 2 用分块法计算 $\boldsymbol{AB}$,其中

$$\boldsymbol{A}=\begin{bmatrix}0 & 0 & 5\\ 4 & 2 & 1\\ 0 & -1 & 2\end{bmatrix},\quad \boldsymbol{B}=\begin{bmatrix}1 & 2 & 4 & -1\\ 5 & 3 & 1 & 0\\ 0 & 0 & 2 & 0\end{bmatrix}.$$

解 先将 $\boldsymbol{A},\boldsymbol{B}$ 分块为

$$\boldsymbol{A}=\begin{bmatrix}\boldsymbol{A}_{11} & \boldsymbol{A}_{12}\\ \boldsymbol{A}_{21} & \boldsymbol{A}_{22}\end{bmatrix},\quad \boldsymbol{B}=\begin{bmatrix}\boldsymbol{B}_{11} & \boldsymbol{B}_{12} & \boldsymbol{B}_{13}\\ \boldsymbol{B}_{21} & \boldsymbol{B}_{22} & \boldsymbol{B}_{23}\end{bmatrix}.$$

其中,$\boldsymbol{A}_{11}=[0\quad 0]$,$\boldsymbol{A}_{12}=[5]$,$\boldsymbol{A}_{21}=\begin{bmatrix}4 & 2\\ 0 & -1\end{bmatrix}$,$\boldsymbol{A}_{22}=\begin{bmatrix}1\\ 2\end{bmatrix}$,

$\boldsymbol{B}_{11}=\begin{bmatrix}1\\ 5\end{bmatrix}$,$\boldsymbol{B}_{12}=\begin{bmatrix}2 & 4\\ 3 & 1\end{bmatrix}$,$\boldsymbol{B}_{13}=\begin{bmatrix}-1\\ 0\end{bmatrix}$,$\boldsymbol{B}_{21}=[0]$,$\boldsymbol{B}_{22}=[0\quad 2]$,$\boldsymbol{B}_{23}=[0]$.

令 $\boldsymbol{AB}=\boldsymbol{C}=\begin{bmatrix}\boldsymbol{C}_{11} & \boldsymbol{C}_{12} & \boldsymbol{C}_{13}\\ \boldsymbol{C}_{21} & \boldsymbol{C}_{22} & \boldsymbol{C}_{23}\end{bmatrix}$,其中

$\boldsymbol{C}_{11}=\boldsymbol{A}_{11}\boldsymbol{B}_{11}+\boldsymbol{A}_{12}\boldsymbol{B}_{21}=[0\quad 0]\begin{bmatrix}1\\ 5\end{bmatrix}+[5][0]=[0]$,

$\boldsymbol{C}_{12}=\boldsymbol{A}_{11}\boldsymbol{B}_{12}+\boldsymbol{A}_{12}\boldsymbol{B}_{22}=[0\quad 0]\begin{bmatrix}2 & 4\\ 3 & 1\end{bmatrix}+[5][0\quad 2]=[0\quad 10]$,

$$C_{13}=A_{11}B_{13}+A_{12}B_{23}=[0\quad 0]\begin{bmatrix}-1\\0\end{bmatrix}+[5][0]=[0],$$

$$C_{21}=A_{21}B_{11}+A_{22}B_{21}=\begin{bmatrix}4&2\\0&-1\end{bmatrix}\begin{bmatrix}1\\5\end{bmatrix}+\begin{bmatrix}1\\2\end{bmatrix}[0]=\begin{bmatrix}14\\-5\end{bmatrix},$$

$$C_{22}=A_{21}B_{12}+A_{22}B_{22}=\begin{bmatrix}4&2\\0&-1\end{bmatrix}\begin{bmatrix}2&4\\3&1\end{bmatrix}+\begin{bmatrix}1\\2\end{bmatrix}(0\quad 2)=\begin{bmatrix}14&20\\-3&3\end{bmatrix},$$

$$C_{23}=A_{21}B_{13}+A_{22}B_{23}=\begin{bmatrix}4&2\\0&-1\end{bmatrix}\begin{bmatrix}-1\\0\end{bmatrix}+\begin{bmatrix}1\\2\end{bmatrix}[0]=\begin{bmatrix}-4\\0\end{bmatrix}.$$

故 $\boldsymbol{AB}=\boldsymbol{C}=\begin{bmatrix}C_{11}&C_{12}&C_{13}\\C_{21}&C_{22}&C_{23}\end{bmatrix}=\begin{bmatrix}0&0&10&0\\14&14&20&-4\\-5&-3&3&0\end{bmatrix}.$

对分块对角矩阵

$$\boldsymbol{A}=\begin{bmatrix}A_1&&&\\&A_2&&\\&&\ddots&\\&&&A_s\end{bmatrix},\quad \boldsymbol{B}=\begin{bmatrix}B_1&&&\\&B_2&&\\&&\ddots&\\&&&B_s\end{bmatrix}$$

其中 A_i 与 $B_i(i=1,2,\cdots,r)$是同阶方阵,由分块矩阵的运算法则,可得

(1) $\boldsymbol{A}+\boldsymbol{B}=\begin{bmatrix}A_1+B_1&&&\\&A_2+B_2&&\\&&\ddots&\\&&&A_s+B_s\end{bmatrix};$

(2) $k\boldsymbol{A}=\begin{bmatrix}kA_1&&&\\&kA_2&&\\&&\ddots&\\&&&kA_s\end{bmatrix};$

(3) $\boldsymbol{AB}=\begin{bmatrix}A_1B_1&&&\\&A_2B_2&&\\&&\ddots&\\&&&A_sB_s\end{bmatrix};$

(4) $\boldsymbol{A}^2=\begin{bmatrix}A_1^2&&&\\&A_2^2&&\\&&\ddots&\\&&&A_s^2\end{bmatrix}.$

4. 分块矩阵的转置

设 $\boldsymbol{A}=\begin{bmatrix}\boldsymbol{A}_{11} & \boldsymbol{A}_{12} & \cdots & \boldsymbol{A}_{1s}\\ \boldsymbol{A}_{21} & \boldsymbol{A}_{22} & \cdots & \boldsymbol{A}_{2s}\\ \vdots & \vdots & & \vdots\\ \boldsymbol{A}_{r1} & \boldsymbol{A}_{r2} & \cdots & \boldsymbol{A}_{rs}\end{bmatrix}$ 是一个 $r\times s$ 型分块矩阵,它的转置是一个 $s\times r$ 型分块矩阵

$$\boldsymbol{A}^{\mathrm{T}}=\begin{bmatrix}\boldsymbol{A}_{11}^{\mathrm{T}} & \boldsymbol{A}_{21}^{\mathrm{T}} & \cdots & \boldsymbol{A}_{r1}^{\mathrm{T}}\\ \boldsymbol{A}_{12}^{\mathrm{T}} & \boldsymbol{A}_{22}^{\mathrm{T}} & \cdots & \boldsymbol{A}_{r2}^{\mathrm{T}}\\ \vdots & \vdots & & \vdots\\ \boldsymbol{A}_{1s}^{\mathrm{T}} & \boldsymbol{A}_{2s}^{\mathrm{T}} & \cdots & \boldsymbol{A}_{rs}^{\mathrm{T}}\end{bmatrix}.$$

例如 $\boldsymbol{A}=\begin{bmatrix}1 & 0 & 2 & -1\\ 0 & -1 & 1 & 2\\ 0 & 0 & 1 & 0\end{bmatrix}=\begin{bmatrix}\boldsymbol{A}_{11} & \boldsymbol{A}_{12}\\ \boldsymbol{A}_{21} & \boldsymbol{A}_{22}\end{bmatrix}$,则 $\boldsymbol{A}^{\mathrm{T}}=\begin{bmatrix}\boldsymbol{A}_{11}^{\mathrm{T}} & \boldsymbol{A}_{21}^{\mathrm{T}}\\ \boldsymbol{A}_{12}^{\mathrm{T}} & \boldsymbol{A}_{22}^{\mathrm{T}}\end{bmatrix}=\begin{bmatrix}1 & 0 & 0\\ 0 & -1 & 0\\ 2 & 1 & 1\\ -1 & 2 & 0\end{bmatrix}$.

5. 可逆分块矩阵的逆矩阵

对角分块矩阵(准对角矩阵)

$$\boldsymbol{A}=\begin{bmatrix}\boldsymbol{A}_1 & & & \\ & \boldsymbol{A}_2 & & \\ & & \ddots & \\ & & & \boldsymbol{A}_s\end{bmatrix}$$

的行列式(由拉普拉斯展开定理可求得)为 $|\boldsymbol{A}|=|\boldsymbol{A}_1|\,|\boldsymbol{A}_2|\cdots|\boldsymbol{A}_s|$.
因此对角分块矩阵 $\boldsymbol{A}$ 可逆的充要条件为 $|\boldsymbol{A}_i|\neq 0(i=1,2,\cdots,s)$.
由对角分块矩阵的乘法,可求得它的逆矩阵

$$\boldsymbol{A}^{-1}=\begin{bmatrix}\boldsymbol{A}_1^{-1} & & & \\ & \boldsymbol{A}_2^{-1} & & \\ & & \ddots & \\ & & & \boldsymbol{A}_s^{-1}\end{bmatrix}$$

例 3 求矩阵 $\boldsymbol{A}=\begin{bmatrix}3 & 1 & 0 & 0\\ 2 & 1 & 0 & 0\\ 0 & 0 & 9 & 2\\ 0 & 0 & 4 & 1\end{bmatrix}$ 的逆矩阵.

解 将 $\boldsymbol{A}$ 分块为 $\boldsymbol{A}=\begin{bmatrix}3 & 1 & 0 & 0\\ 2 & 1 & 0 & 0\\ 0 & 0 & 9 & 2\\ 0 & 0 & 4 & 1\end{bmatrix}=\begin{bmatrix}\boldsymbol{A}_1 & \boldsymbol{O}\\ \boldsymbol{O} & \boldsymbol{A}_2\end{bmatrix}$,

$$A_1=\begin{bmatrix}3&1\\2&1\end{bmatrix},\quad A_2=\begin{bmatrix}9&2\\4&1\end{bmatrix}.$$

因 $$A_1^{-1}=\begin{bmatrix}3&1\\2&1\end{bmatrix}^{-1}=\begin{bmatrix}1&-1\\-2&3\end{bmatrix},\quad A_2^{-1}=\begin{bmatrix}9&2\\4&1\end{bmatrix}^{-1}=\begin{bmatrix}1&-2\\-4&9\end{bmatrix},$$

则 $$A^{-1}=\begin{bmatrix}1&-1&0&0\\-2&3&0&0\\0&0&1&-2\\0&0&-4&9\end{bmatrix}.$$

特别地，若 A_1，A_2 分别为 m 阶和 n 阶方阵，则

$$\begin{vmatrix}A_1&\\&A_2\end{vmatrix}=|A_1||A_2|,\quad \begin{vmatrix}&A_1\\A_2&\end{vmatrix}=(-1)^{m\times n}|A_1||A_2|,$$

$$\begin{bmatrix}A_1&\\&A_2\end{bmatrix}^{-1}=\begin{bmatrix}A_1^{-1}&\\&A_2^{-1}\end{bmatrix},\quad \begin{bmatrix}&A_1\\A_2&\end{bmatrix}^{-1}=\begin{bmatrix}&A_2^{-1}\\A_1^{-1}&\end{bmatrix}.$$

例 4 设 A，B 分别为 r 阶和 s 阶可逆矩阵，证明：三角分块矩阵 $D=\begin{bmatrix}A&O\\C&B\end{bmatrix}$ 可逆，且 $D^{-1}=\begin{bmatrix}A^{-1}&O\\-B^{-1}CA^{-1}&B^{-1}\end{bmatrix}$.

证明 设有 $r+s$ 阶可逆矩阵 X，将 X 按 D 相同的分块方法分块，
设 $X=\begin{bmatrix}X_{11}&X_{12}\\X_{21}&X_{22}\end{bmatrix}$，其中 X_{11}，X_{22} 分别为 r 阶和 s 阶方阵，
令 $DX=E$ 得

$$\begin{bmatrix}A&O\\C&B\end{bmatrix}\begin{bmatrix}X_{11}&X_{12}\\X_{21}&X_{22}\end{bmatrix}=\begin{bmatrix}E_r&O\\O&E_s\end{bmatrix}.$$

所以 $\begin{bmatrix}AX_{11}&AX_{12}\\CX_{11}+BX_{21}&CX_{12}+BX_{22}\end{bmatrix}=\begin{bmatrix}E_r&O\\O&E_s\end{bmatrix}$

从而 $$\begin{cases}AX_{11}=E_r & (1)\\AX_{12}=O & (2)\\CX_{11}+BX_{21}=O & (3)\\CX_{12}+BX_{22}=E_s & (4)\end{cases}$$

方程(1)与方程(2)两边同时左乘 A^{-1}，得 $X_{11}=A^{-1}$，$X_{12}=O$，分别代入方程(3)和方程(4)，得

$$CA^{-1}+BX_{21}=O,BX_{22}=E_s,$$

从而 $X_{21}=-B^{-1}CA^{-1}$，$X_{22}=B^{-1}$，因此有 $X=\begin{bmatrix}A^{-1}&O\\-B^{-1}CA^{-1}&B^{-1}\end{bmatrix}$，使 $DX=E$，故 D 可逆，

且 $\boldsymbol{D}^{-1}=\boldsymbol{X}$.

同理,还可以证明

$$\begin{bmatrix}\boldsymbol{A} & \boldsymbol{C}\\ \boldsymbol{O} & \boldsymbol{B}\end{bmatrix}^{-1}=\begin{bmatrix}\boldsymbol{A}^{-1} & -\boldsymbol{A}^{-1}\boldsymbol{C}\boldsymbol{B}^{-1}\\ \boldsymbol{O} & \boldsymbol{B}^{-1}\end{bmatrix}.$$

有时,对高阶矩阵进行适当的分块后可以把求高阶矩阵的逆矩阵问题转化为求较低阶的分块矩阵的逆矩阵的问题,这种方法在计算机上计算时将会带来许多方便之处.

习题 2.4

1. 用分块法求 $\boldsymbol{AB}$.

(1) $\boldsymbol{A}=\begin{bmatrix}1&0&0&0\\0&1&0&0\\-1&2&1&0\\1&1&0&1\end{bmatrix}$, $\boldsymbol{B}=\begin{bmatrix}1&0&3&2\\-1&2&0&1\\1&0&4&1\\-1&-1&2&0\end{bmatrix}$;

(2) $\boldsymbol{A}=\begin{bmatrix}1&0&1&2&-1\\0&1&3&2&-2\\-1&4&0&0&0\\0&2&0&0&0\end{bmatrix}$, $\boldsymbol{B}=\begin{bmatrix}2&-3&0&0\\0&-2&0&0\\1&0&5&-1\\1&1&0&2\\0&0&3&0\end{bmatrix}$.

2. 设 $\boldsymbol{A}=\begin{bmatrix}5&2&0&0\\2&1&0&0\\0&0&8&3\\0&0&5&2\end{bmatrix}$, $\boldsymbol{B}=\begin{bmatrix}3&2&0&0\\4&5&0&0\\0&0&4&1\\0&0&6&2\end{bmatrix}$, $\boldsymbol{C}=\begin{bmatrix}\cos\theta&\sin\theta&0&0&0\\-\sin\theta&\cos\theta&0&0&0\\0&0&1&a&b\\0&0&0&1&a\\0&0&0&0&1\end{bmatrix}$,

用分块法求(1) $\boldsymbol{AB}-\boldsymbol{BA}$;(2) $\boldsymbol{A}^{-1}$, $\boldsymbol{B}^{-1}$ 及 $\boldsymbol{C}^{-1}$.

3. 设 $\boldsymbol{A}=\begin{bmatrix}3&4&0&0\\4&-3&0&0\\0&0&2&4\\0&0&0&2\end{bmatrix}$, k 为正整数,求 $|\boldsymbol{A}^{2k}|$, $\boldsymbol{A}^{2k}$.

4. 设 $\boldsymbol{A}=\begin{bmatrix}\boldsymbol{O}&\boldsymbol{E}_n\\\boldsymbol{E}_n&\boldsymbol{O}\end{bmatrix}$ 其中 $\boldsymbol{E}_n$ 为 n 阶单位矩阵,求 $\boldsymbol{A}$ 的 m 次幂 $\boldsymbol{A}^m$.

矩阵的 Matlab 实验*

例 1 生成一个元素在(0,1)之间且服从均匀分布的四阶随机数矩阵 $\boldsymbol{A}$,再生成一个元素服从标准正态分布的四阶随机数矩阵 $\boldsymbol{B}$,并计算 $\boldsymbol{A}\pm\boldsymbol{B},\boldsymbol{A}*\boldsymbol{B},\boldsymbol{A}^{-1},\boldsymbol{B}^{-1},\boldsymbol{A}/\boldsymbol{B},\boldsymbol{A}\backslash\boldsymbol{B}$.

解 ≫A=rand(4)

运行结果:

```
A=

    0.2769    0.6948    0.4387    0.1869
    0.0462    0.3171    0.3816    0.4898
    0.0971    0.9502    0.7655    0.4456
    0.8235    0.0344    0.7952    0.6463
```

≫B=randn(4)

运行结果:

```
B=

    1.0933   -1.2141   -0.7697   -1.0891
    1.1093   -1.1135    0.3714    0.0326
   -0.8637   -0.0068   -0.2256    0.5525
    0.0774    1.5326    1.1174    1.1006
```

≫A+B

运行结果:

```
ans=

    1.3702   -0.5193   -0.3309   -0.9022
    1.1554   -0.7964    0.7529    0.5223
   -0.7665    0.9434    0.5399    0.9981
    0.9008    1.5671    1.9126    1.7469
```

≫A-B

运行结果:

```
ans=

   -0.8163    1.9089    1.2084    1.2759
   -1.0631    1.4306    0.0102    0.4572
    0.9608    0.9571    0.9911   -0.1069
    0.7461   -1.4982   -0.3222   -0.4543
```

≫A*B

运行结果：

```
ans=

    0.7090   -0.8265    0.1547   0.1691
    0.1106    0.3389    0.5434   0.7099
    0.5336   -0.4983    0.6033   0.8385
    0.3017   -0.0530   -0.0782   0.2550
```

≫inv(A)

运行结果：

```
ans=

     3.1742    0.5289   -2.5126    0.4136
     2.7189    1.2638   -1.3275   -0.8286
    -4.7186   -4.2432    4.8208    1.2561
     1.6165    4.4794   -2.6594   -0.4811
```

≫inv(B)

运行结果：

```
ans=

     1.2982   -0.0254    0.5437    1.0125
     0.6251   -0.6821   -0.0264    0.6520
    -2.1066    0.7023   -1.8692   -1.1669
     1.1769    0.2387    1.8962    1.1142
```

≫A/B

运行结果：

```
ans=

     0.0895    0.1282   -0.3335   0.4296
     0.0308    0.1674    0.2322   0.3539
    -0.3681   -0.0067   -0.5583   0.3210
     0.1761    0.6683    0.1859   0.6483
```

≫A\B

运行结果：

```
ans=

      6.2589   -3.7916   -1.2147   -4.3727
      5.4567   -5.9692   -2.2497   -4.5654
    -13.9319   12.3458    2.3719    9.0468
      8.9957   -7.6695    0.4818   -3.6135
```

注 A/B(右除)和A\B(左除)的区别在于：A/B= A * inv(B)，而A\B=inv(A) * B.

例 2 将自然数 1 到 n^2，排列成 n 行 n 列的方阵，使每行、每列及两条主对角线上的 n 个数的和都等于 $\frac{n(n^2+1)}{2}$，这样的方阵称为 n 阶魔方矩阵.生成一个五阶魔方矩阵，计算每行(列、主对角线)的和，并求其行列式与伴随矩阵.

解 ≫A=magic(5)

运行结果：

```
A=

    17    24     1     8    15
    23     5     7    14    16
     4     6    13    20    22
    10    12    19    21     3
    11    18    25     2     9
```

下面以第 3 行、第 4 列和第一主对角线为例求和

```
≫ sum(A(:,3))
```

运行结果：

```
ans=

    65
```

```
≫ sum(A(4,:))
```

运行结果：

```
ans=

    65
```

```
≫ trace(A)
```

运行结果：

```
ans=

    65
```

```
≫ det(A)
```

运行结果：

```
ans=

    5.0700e+06
```

```
≫ det(A) * inv(A)
```

运行结果：

```
ans=

    1.0e+05 *

    -0.2503    2.5935   -1.7940    0.0585    0.1723
     2.1873   -1.8915   -0.2340    0.6435    0.0747
    -1.5340    0.1560    0.1560    0.1560    1.8460
     0.2373   -0.3315    0.5460    2.2035   -1.8753
     0.1397    0.2535    2.1060   -2.2815    0.5622
```

自测题二

一、填空题

1. $\boldsymbol{A},\boldsymbol{B}$ 均是 n 阶对称矩阵，则 $\boldsymbol{AB}$ 是对称矩阵的充要条件是________.

2. $\boldsymbol{A}$ 为 3×3 矩阵，$\boldsymbol{B}$ 为 4×4 矩阵，且 $|\boldsymbol{A}|=1$，$|\boldsymbol{B}|=-2$，则 $||\boldsymbol{B}|\boldsymbol{A}|=$________.

3. 若 $\boldsymbol{A}^3=2\boldsymbol{E}$，则 $\boldsymbol{A}^{-1}=$________.

4. $\boldsymbol{A}=\begin{bmatrix}1&2&0&0\\-3&4&0&0\\0&0&2&1\\0&0&0&4\end{bmatrix}$，则 $\boldsymbol{A}^{-1}=$________，$(\boldsymbol{A}^*)^{-1}=$________.

二、选择题

1. 设四阶矩阵 $\boldsymbol{A}=(\boldsymbol{\alpha},\boldsymbol{\gamma}_2,\boldsymbol{\gamma}_3,\boldsymbol{\gamma}_4)$，$\boldsymbol{B}=(\boldsymbol{\beta},\boldsymbol{\gamma}_2,\boldsymbol{\gamma}_3,\boldsymbol{\gamma}_4)$，其中 $\boldsymbol{\alpha},\boldsymbol{\beta},\boldsymbol{\gamma}_2,\boldsymbol{\gamma}_3,\boldsymbol{\gamma}_4$ 均为 4 行 1 列分块矩阵，已知 $|\boldsymbol{A}|=4$，$|\boldsymbol{B}|=1$，则 $|\boldsymbol{A}+\boldsymbol{B}|=$________.

   (A)5；　(B)4；　(C)50；　(D)40.

2. 设 $\boldsymbol{A},\boldsymbol{B}$ 为 $n(n\geqslant2)$ 阶方阵，则必有________.

   (A) $|\boldsymbol{A}+\boldsymbol{B}|=|\boldsymbol{A}|+|\boldsymbol{B}|$；　(B) $|\boldsymbol{AB}|=|\boldsymbol{BA}|$；

   (C) $||\boldsymbol{A}|\boldsymbol{B}|=||\boldsymbol{B}|\boldsymbol{A}|$；　(D) $|\boldsymbol{A}-\boldsymbol{B}|=|\boldsymbol{B}-\boldsymbol{A}|$.

3. 设 $\boldsymbol{A},\boldsymbol{B}$ 为 n 阶方阵，$\boldsymbol{A}\neq\boldsymbol{O}$ 且 $\boldsymbol{AB}=\boldsymbol{O}$，则________.

   (A) $\boldsymbol{B}=\boldsymbol{O}$；　(B) $|\boldsymbol{B}|=0$ 或 $|\boldsymbol{A}|=0$；

   (C) $\boldsymbol{BC}=\boldsymbol{O}$；　(D) $(\boldsymbol{A}+\boldsymbol{B})^2=\boldsymbol{A}^2+\boldsymbol{B}^2$.

4. 设 $\boldsymbol{A},\boldsymbol{B},\boldsymbol{C}$ 都是 n 阶方阵，且 $\boldsymbol{ABC}=\boldsymbol{E}$，那么________.

   (A) $\boldsymbol{ACB}=\boldsymbol{E}$；　(B) $\boldsymbol{ACA}=\boldsymbol{E}$；　(C) $\boldsymbol{BAC}=\boldsymbol{E}$；　(D) $\boldsymbol{CAB}=\boldsymbol{E}$.

5. 设 $\boldsymbol{A},\boldsymbol{B}$ 为 n 阶方阵，则________.

   (A) 若 $\boldsymbol{A},\boldsymbol{B}$ 可逆，则 $\boldsymbol{A}+\boldsymbol{B}$ 可逆；　(B) 若 $\boldsymbol{A},\boldsymbol{B}$ 可逆，则 $\boldsymbol{AB}$ 可逆；

   (C) 若 $\boldsymbol{A}+\boldsymbol{B}$ 可逆，则 $\boldsymbol{A}-\boldsymbol{B}$ 可逆；　(D) 若 $\boldsymbol{A}+\boldsymbol{B}$ 可逆，则 $\boldsymbol{A},\boldsymbol{B}$ 可逆.

三、计算题

1. $\begin{bmatrix}1&1&0\\0&1&1\\0&0&1\end{bmatrix}^n$；　2. $\begin{bmatrix}a&1&0&0\\0&a&1&0\\0&0&a&1\\0&0&0&a\end{bmatrix}^n$.

四、求满足条件 $\boldsymbol{A}^2=\begin{bmatrix}0&0\\0&0\end{bmatrix}$ 的一切二阶方阵.

五、设 $\boldsymbol{A},\boldsymbol{B}$ 皆是 n 阶矩阵，证明 $\begin{vmatrix}\boldsymbol{A}&\boldsymbol{B}\\\boldsymbol{B}&\boldsymbol{A}\end{vmatrix}=|\boldsymbol{A}+\boldsymbol{B}||\boldsymbol{A}-\boldsymbol{B}|$.

六、设 $\boldsymbol{A}=\begin{bmatrix}\boldsymbol{O}&\boldsymbol{B}\\\boldsymbol{C}&\boldsymbol{O}\end{bmatrix}$，其中 $\boldsymbol{B}$ 是 n 阶可逆矩阵，$\boldsymbol{C}$ 是 m 阶可逆矩阵，证明 $\boldsymbol{A}$ 可逆，并求 $\boldsymbol{A}^{-1}$.

Chapter 3 第 3 章

向量组的线性相关性与矩阵的秩

Linear Correlation of Vector Groups and Matrix Rank

本章介绍 n 维向量的基本概念及其运算，讨论 n 维向量组的线性相关性，给出矩阵秩的概念，并利用矩阵的秩与有关知识来研究向量组的线性相关性. 这些问题都是线性代数中的基本问题，并为后面学习方程组求解等理论提供必要的预备知识.

3.1 n 维向量及其运算

3.1.1 n 维向量的概念

定义 1 n 个数 $a_1,a_2,\cdots,a_n$ 组成的有序数组 $[a_1,a_2,\cdots,a_n]$，称为 n 维向量. 数 a_i 称为向量的第 i 个分量(或坐标). 分量都是实数的向量称为实向量，分量都是复数的向量称为复向量. 本书主要讨论实向量.

以后常用小写的希腊字母 $\boldsymbol{\alpha},\boldsymbol{\beta},\boldsymbol{\gamma}$ 等表示向量.

在解析几何中，向量可以看作 n 维向量的特殊情形. 平面上的向量称为二维向量，空间上的向量称为三维向量. 平面上，以坐标原点 O 为起点，以点 $P(x,y)$ 为终点的向量 $\overrightarrow{OP}=(x,y)$；在空间中，以坐标原点 O 为起点，以点 $P(x,y,z)$ 为终点的向量 $\overrightarrow{OP}=(x,y,z)$；当 $n>3$ 时，n 维向量没有直观的几何意义，只是沿用几何的术语罢了.

注 向量可写成行的形式：

$$\boldsymbol{\alpha}=[a_1,a_2,\cdots,a_n]$$

也常写成列的形式，如

$$\boldsymbol{\beta}=\begin{bmatrix}a_1\\a_2\\\vdots\\a_n\end{bmatrix}$$

前者称为行向量，后者称为列向量.

注 向量既然是有序数组，则向量中各分量的次序是不可以调换的.

设有两个 n 维向量 $\boldsymbol{\alpha}=[a_1,a_2,\cdots,a_n]$，$\boldsymbol{\beta}=[b_1,b_2,\cdots,b_n]$，如果它们对应的分量都相等，即 $a_i=b_i(i=1,2,\cdots,n)$，则称向量 $\boldsymbol{\alpha}$ 与 $\boldsymbol{\beta}$ 相等，记作 $\boldsymbol{\alpha}=\boldsymbol{\beta}$.

分量都是零的向量称为零向量，记作 $\mathbf{0}$，即 $\mathbf{0}=[0,0,\cdots,0]$.

注意 维数不同的零向量是不相等的.

向量 $[-a_1,-a_2,\cdots,-a_n]$ 称为 $\boldsymbol{\alpha}$ 的负向量，记作 $-\boldsymbol{\alpha}$.

3.1.2 n 维向量的线性运算

定义 2 设有 n 维向量 $\boldsymbol{\alpha}=[a_1,a_2,\cdots,a_n]$，$\boldsymbol{\beta}=[b_1,b_2,\cdots,b_n]$，则称 n 维向量 $[a_1+b_1,a_2+b_2,\cdots,a_n+b_n]$ 为向量 $\boldsymbol{\alpha}$ 与 $\boldsymbol{\beta}$ 的和，记作 $\boldsymbol{\alpha}+\boldsymbol{\beta}$，即

$$\boldsymbol{\alpha}+\boldsymbol{\beta}=[a_1+b_1,a_2+b_2,\cdots,a_n+b_n].$$

利用负向量可以定义向量的减法，即

$$\boldsymbol{\alpha}-\boldsymbol{\beta}=\boldsymbol{\alpha}+(-\boldsymbol{\beta})=[a_1-b_1,a_2-b_2,\cdots,a_n-b_n].$$

定义 3 设有 n 维向量 $\boldsymbol{\alpha}=[a_1,a_2,\cdots,a_n]$，$k$ 为实数，称

$$[ka_1,ka_2,\cdots,ka_n]$$

为数 k 与向量 $\boldsymbol{\alpha}$ 的数量乘积，简称数乘，记作 $k\boldsymbol{\alpha}$，即

$$k\boldsymbol{\alpha}=[ka_1,ka_2,\cdots,ka_n].$$

如果把向量看作特殊的矩阵，那么上述定义与矩阵的运算是完全一致的.

向量的加法和数乘运算统称为向量的线性运算. 容易验证向量的线性运算满足下面的运算规律：

1. 向量加法满足

(1)交换律 $\boldsymbol{\alpha}+\boldsymbol{\beta}=\boldsymbol{\beta}+\boldsymbol{\alpha}$；

(2)结合律 $(\boldsymbol{\alpha}+\boldsymbol{\beta})+\boldsymbol{\gamma}=\boldsymbol{\alpha}+(\boldsymbol{\beta}+\boldsymbol{\gamma})$；

(3)对任一向量 $\boldsymbol{\alpha}$，有 $\boldsymbol{\alpha}+\mathbf{0}=\boldsymbol{\alpha}$；

(4)对任一向量 $\boldsymbol{\alpha}$，有 $\boldsymbol{\alpha}+(-\boldsymbol{\alpha})=\mathbf{0}$.

2. 数乘运算满足

(1)$1\boldsymbol{\alpha}=\boldsymbol{\alpha}$；

(2)$k(l\boldsymbol{\alpha})=l(k\boldsymbol{\alpha})=(kl)\boldsymbol{\alpha}$；

(3)$k(\boldsymbol{\alpha}+\boldsymbol{\beta})=k\boldsymbol{\alpha}+k\boldsymbol{\beta}$；

(4)$(k+l)\boldsymbol{\alpha}=k\boldsymbol{\alpha}+l\boldsymbol{\alpha}$.

上述 $\boldsymbol{\alpha},\boldsymbol{\beta},\boldsymbol{\gamma}$ 均为 n 维向量，k,l 均为实数.

例 1 称 $\boldsymbol{\varepsilon}_1=[1,0,\cdots,0]$，$\boldsymbol{\varepsilon}_2=[0,1,\cdots,0]$，$\cdots$，$\boldsymbol{\varepsilon}_n=[0,\cdots,0,1]$ 为 n 维单位坐标向量组，求 $a_1\boldsymbol{\varepsilon}_1+a_2\boldsymbol{\varepsilon}_2+\cdots+a_n\boldsymbol{\varepsilon}_n$.

解 由向量的加法和数乘运算得

$$\begin{aligned} a_1\boldsymbol{\varepsilon}_1+a_2\boldsymbol{\varepsilon}_2+a_n\boldsymbol{\varepsilon}_n &= a_1[1,0,\cdots,0]+a_2[0,1,\cdots,0]+\cdots+a_n[0,0,\cdots,1] \\ &= [a_1,0,\cdots,0]+[0,a_2,\cdots,0]+\cdots+[0,0,\cdots,a_n] \\ &= [a_1,a_2,\cdots,a_n]. \end{aligned}$$

□ 习题 3.1

1. 已知向量 $\boldsymbol{\alpha}=[1,-2,3,-4]$，$\boldsymbol{\beta}=[-1,2,0,3]$.

(1)求 $2\boldsymbol{\alpha}-\boldsymbol{\beta}$；

(2)若 $2(\boldsymbol{\alpha}-\boldsymbol{\beta})-3(\boldsymbol{\beta}-\boldsymbol{\gamma})=2(\boldsymbol{\alpha}+\boldsymbol{\gamma})$，求 $\boldsymbol{\gamma}$.

2. 已知向量 $\boldsymbol{\alpha}_1=[-1,1,3]$，$\boldsymbol{\alpha}_2=[0,1,-2]$，$\boldsymbol{\alpha}_3=[4,-1,1]$，求 $2\boldsymbol{\alpha}_1-3\boldsymbol{\alpha}_2+4\boldsymbol{\alpha}_3$.

3.2　向量组的线性相关性

在上一节中我们引进了 n 维向量的概念，向量之间除了运算关系外还存在着其他关系，其中最重要的关系就是向量组的线性相关与线性无关. 为了介绍这两个概念，我们首先介绍什么叫线性组合.

3.2.1　线性组合

定义 1　对于 n 维向量 $\boldsymbol{\alpha}_1,\boldsymbol{\alpha}_2,\cdots,\boldsymbol{\alpha}_s,\boldsymbol{\beta}$，如果存在一组数 $k_1,k_2,\cdots,k_s$ 使

$$\boldsymbol{\beta}=k_1\boldsymbol{\alpha}_1+k_2\boldsymbol{\alpha}_2+\cdots+k_s\boldsymbol{\alpha}_s, \tag{3.1}$$

则称向量 $\boldsymbol{\beta}$ 是向量组 $\boldsymbol{\alpha}_1,\boldsymbol{\alpha}_2,\cdots,\boldsymbol{\alpha}_s$ 的一个线性组合，或称向量 $\boldsymbol{\beta}$ 能由向量组 $\boldsymbol{\alpha}_1,\boldsymbol{\alpha}_2,\cdots,\boldsymbol{\alpha}_s$ 线性表示.

例如，由 3.1 例 1 可知任意一个 n 维向量 $\boldsymbol{\alpha}=[a_1,a_2,\cdots,a_n]$ 都能由 n 维单位坐标向量组 $\boldsymbol{\varepsilon}_1,\boldsymbol{\varepsilon}_2,\cdots,\boldsymbol{\varepsilon}_n$ 线性表示，即

$$\boldsymbol{\alpha}=a_1\boldsymbol{\varepsilon}_1+a_2\boldsymbol{\varepsilon}_2+\cdots+a_n\boldsymbol{\varepsilon}_n.$$

易知，零向量能由任意向量组线性表示.

3.2.2　线性相关与线性无关

定义 2　对于 n 维向量组 $\boldsymbol{\alpha}_1,\boldsymbol{\alpha}_2,\cdots,\boldsymbol{\alpha}_s$，如果存在一组不全为零的实数 $k_1,k_2,\cdots,k_s$ 使

$$k_1\boldsymbol{\alpha}_1+k_2\boldsymbol{\alpha}_2+\cdots+k_s\boldsymbol{\alpha}_s=\boldsymbol{0}, \tag{3.2}$$

则称向量组 $\boldsymbol{\alpha}_1,\boldsymbol{\alpha}_2,\cdots,\boldsymbol{\alpha}_s$ 线性相关；否则称它们线性无关，即式(3.2)成立当且仅当 $k_1=k_2=\cdots=k_s=0$.

例如，对于向量组 $\boldsymbol{\alpha}_1=[1,1,0]$，$\boldsymbol{\alpha}_2=[0,1,2]$，$\boldsymbol{\alpha}_3=[2,3,2]$有

$$2\boldsymbol{\alpha}_1+\boldsymbol{\alpha}_2-\boldsymbol{\alpha}_3=\boldsymbol{0}$$

所以 $\boldsymbol{\alpha}_1,\boldsymbol{\alpha}_2,\boldsymbol{\alpha}_3$ 线性相关.

易知,由单个非零向量构成的向量组必线性无关;任何一个含有零向量的向量组必线性相关.

例 1 讨论向量组 $\boldsymbol{\alpha}_1=[1,1,-1],\boldsymbol{\alpha}_2=[0,1,2],\boldsymbol{\alpha}_3=[2,3,0]$ 的线性相关性.

解 设有 x_1,x_2,x_3,使

$$x_1\boldsymbol{\alpha}_1+x_2\boldsymbol{\alpha}_2+x_3\boldsymbol{\alpha}_3=\mathbf{0}$$

即
$$[x_1+2x_3,x_1+x_2+3x_3,-x_1+2x_2]=[0,0,0]$$

也即
$$\begin{cases} x_1+2x_3=0 \\ x_1+x_2+3x_3=0, \\ -x_1+2x_2=0 \end{cases}$$

此方程组有解.取 $x_1=2$,则有 $x_2=1,x_3=-1$,于是存在一组不全为零的数 $2,1,-1$,使得 $2\boldsymbol{\alpha}_1+\boldsymbol{\alpha}_2-\boldsymbol{\alpha}_3=\mathbf{0}$,所以 $\boldsymbol{\alpha}_1,\boldsymbol{\alpha}_2,\boldsymbol{\alpha}_3$ 线性相关.

例 2 证明:n 维单位坐标向量组 $\boldsymbol{\varepsilon}_1,\boldsymbol{\varepsilon}_2,\cdots,\boldsymbol{\varepsilon}_n$ 线性无关.

证明 设有 $k_1,k_2,\cdots,k_n$,使 $k_1\boldsymbol{\varepsilon}_1+k_2\boldsymbol{\varepsilon}_2+\cdots+k_n\boldsymbol{\varepsilon}_n=\mathbf{0}$,

即
$$k_1[1,0,\cdots,0]+k_2[0,1,0,\cdots,0]+\cdots+k_n[0,0,\cdots,1]=[0,\cdots,0].$$

从而
$$[k_1,k_2,\cdots,k_n]=[0,0,\cdots,0].$$

所以 $k_i=0(i=1,2,\cdots,n)$. 故 $\boldsymbol{\varepsilon}_1,\boldsymbol{\varepsilon}_2,\cdots,\boldsymbol{\varepsilon}_n$ 线性无关.

线性表示与线性相关都描述了向量之间的内部关系,下面两个定理揭示了两者之间的联系.

定理 1 向量组 $\boldsymbol{\alpha}_1,\boldsymbol{\alpha}_2,\cdots,\boldsymbol{\alpha}_s(s\geqslant 2)$ 线性相关的充分必要条件是向量组中至少有一个向量可由其余 $s-1$ 个向量线性表示.

证明 充分性 不妨设 $\boldsymbol{\alpha}_1$ 可由 $\boldsymbol{\alpha}_2,\boldsymbol{\alpha}_3,\cdots,\boldsymbol{\alpha}_s$ 线性表示,即存在实数 $k_2,k_3,\cdots,k_s$ 使

$$\boldsymbol{\alpha}_1=k_2\boldsymbol{\alpha}_2+k_3\boldsymbol{\alpha}_3+\cdots+k_s\boldsymbol{\alpha}_s.$$

从而
$$-\boldsymbol{\alpha}_1+k_2\boldsymbol{\alpha}_2+\cdots+k_s\boldsymbol{\alpha}_s=\mathbf{0}$$

所以向量组 $\boldsymbol{\alpha}_1,\boldsymbol{\alpha}_2,\cdots,\boldsymbol{\alpha}_s$ 线性相关.

必要性 若 $\boldsymbol{\alpha}_1,\boldsymbol{\alpha}_2,\cdots,\boldsymbol{\alpha}_s$ 线性相关,必存在一组不全为零的实数 $\lambda_1,\lambda_2,\cdots,\lambda_s$ 使

$$\lambda_1\boldsymbol{\alpha}_1+\lambda_2\boldsymbol{\alpha}_2+\cdots+\lambda_s\boldsymbol{\alpha}_s=\mathbf{0}.$$

不妨设 $\lambda_1\neq 0$,得 $\boldsymbol{\alpha}_1=-\dfrac{\lambda_2}{\lambda_1}\boldsymbol{\alpha}_2-\cdots-\dfrac{\lambda_s}{\lambda_1}\boldsymbol{\alpha}_s$,即该向量组中至少有一个向量可由其余向量线性表示.

注 在此定理中,若 $s=2$,即向量组 $\boldsymbol{\alpha}_1,\boldsymbol{\alpha}_2$ 线性相关的充要条件是这两个向量对应分量成比例.从几何上看,两个二维或三维向量构成的向量组线性相关,表示这两个向量平行.

定理 2 设向量组 $\boldsymbol{\alpha}_1,\boldsymbol{\alpha}_2,\cdots,\boldsymbol{\alpha}_s$ 线性无关，如果向量组 $\boldsymbol{\alpha}_1,\boldsymbol{\alpha}_2,\cdots,\boldsymbol{\alpha}_s,\boldsymbol{\beta}$ 线性相关，那么 $\boldsymbol{\beta}$ 必能由 $\boldsymbol{\alpha}_1,\boldsymbol{\alpha}_2,\cdots,\boldsymbol{\alpha}_s$ 线性表示，而且表示式是唯一的.

证明 由于向量组 $\boldsymbol{\alpha}_1,\boldsymbol{\alpha}_2,\cdots,\boldsymbol{\alpha}_s,\boldsymbol{\beta}$ 线性相关，则必存在一组不全为零的实数 $k_1,k_2,\cdots,k_s,k$，使

$$k_1\boldsymbol{\alpha}_1+k_2\boldsymbol{\alpha}_2+\cdots+k_s\boldsymbol{\alpha}_s+k\boldsymbol{\beta}=\mathbf{0}.$$

若 $k=0$，则上式变为

$$k_1\boldsymbol{\alpha}_1+k_2\boldsymbol{\alpha}_2+\cdots+k_s\boldsymbol{\alpha}_s=\mathbf{0}.$$

从而 $\boldsymbol{\alpha}_1,\boldsymbol{\alpha}_2,\cdots,\boldsymbol{\alpha}_s$ 线性相关，这与题设条件 $\boldsymbol{\alpha}_1,\boldsymbol{\alpha}_2,\cdots,\boldsymbol{\alpha}_s$ 线性无关相矛盾，所以 $k\neq0$. 于是

$$\boldsymbol{\beta}=-\frac{k_1}{k}\boldsymbol{\alpha}_1-\frac{k_2}{k}\boldsymbol{\alpha}_2-\cdots-\frac{k_s}{k}\boldsymbol{\alpha}_s,$$

即 $\boldsymbol{\beta}$ 能由 $\boldsymbol{\alpha}_1,\boldsymbol{\alpha}_2,\cdots,\boldsymbol{\alpha}_s$ 线性表示.

下面再证明 $\boldsymbol{\beta}$ 的表示式是唯一的. 如果

$$\boldsymbol{\beta}=a_1\boldsymbol{\alpha}_1+a_2\boldsymbol{\alpha}_2+\cdots+a_s\boldsymbol{\alpha}_s \text{ 及 } \boldsymbol{\beta}=b_1\boldsymbol{\alpha}_1+b_2\boldsymbol{\alpha}_2+\cdots+b_s\boldsymbol{\alpha}_s$$

则
$$(a_1-b_1)\boldsymbol{\alpha}_1+(a_2-b_2)\boldsymbol{\alpha}_2+\cdots+(a_s-b_s)\boldsymbol{\alpha}_s=\mathbf{0}.$$

由于 $\boldsymbol{\alpha}_1,\boldsymbol{\alpha}_2,\cdots,\boldsymbol{\alpha}_s$ 线性无关，所以

$$(a_i-b_i)=0 \quad (i=1,2,\cdots,s),$$

即 $a_i=b_i(i=1,2,\cdots,s)$.

3.2.3 线性相关性的判别

一般地，要判断一个向量组

$$\boldsymbol{\alpha}_i=[a_{i1},a_{i2},\cdots,a_{in}],i=1,2,\cdots,s \tag{3.3}$$

是否线性相关，由定义 2，就是讨论方程

$$x_1\boldsymbol{\alpha}_1+x_2\boldsymbol{\alpha}_2+\cdots+x_s\boldsymbol{\alpha}_s=\mathbf{0} \tag{3.4}$$

有无非零解. 式(3.4)按分量写出来就是

$$\begin{cases}a_{11}x_1+a_{21}x_2+\cdots+a_{s1}x_s=0\\a_{12}x_1+a_{22}x_2+\cdots+a_{s2}x_s=0\\\cdots\cdots\\a_{1n}x_1+a_{2n}x_2+\cdots+a_{sn}x_s=0\end{cases} \tag{3.5}$$

因此，向量组 $\boldsymbol{\alpha}_1,\boldsymbol{\alpha}_2,\cdots,\boldsymbol{\alpha}_s$ 线性无关的充分必要条件是齐次线性方程组(3.5)只有零解.

容易看出，如果向量组(3.3)线性无关，那么在每一个向量上添一个分量得到的 $n+1$ 维向量组

$$\boldsymbol{\beta}_i=[a_{i1},a_{i2},\cdots,a_{in},a_{i,n+1}]\ (i=1,2,\cdots,s) \tag{3.6}$$

也线性无关.

事实上,与向量组(3.6)对应的齐次线性方程组为

$$\begin{cases} a_{11}x_1+a_{21}x_2+\cdots+a_{s1}x_s=0 \\ a_{12}x_1+a_{22}x_2+\cdots+a_{s2}x_s=0 \\ \cdots\cdots \\ a_{1n}x_1+a_{2n}x_2+\cdots+a_{sn}x_s=0 \\ a_{1,n+1}x_1+a_{2,n+1}x_2+\cdots+a_{s,n+1}x_s=0 \end{cases} \tag{3.7}$$

显然,方程组(3.7)的解全是方程组(3.5)的解,如果方程组(3.5)只有零解,那么方程组(3.7)也只有零解.

这个结果当然可以推广到添加多个分量的情形.

由线性无关的定义和克莱姆法则,有

定理 3 设有 n 个 n 维向量 $\boldsymbol{\alpha}_i=[a_{i1},a_{i2},\cdots,a_{in}]$ $(i=1,2,\cdots,n)$,则向量组 $\boldsymbol{\alpha}_1,\boldsymbol{\alpha}_2,\cdots,\boldsymbol{\alpha}_n$ 线性无关的充分必要条件是由 $\boldsymbol{\alpha}_1,\boldsymbol{\alpha}_2,\cdots,\boldsymbol{\alpha}_n$ 构成的 n 阶行列式

$$\begin{vmatrix} a_{11} & a_{12} & \cdots & a_{1n} \\ a_{21} & a_{22} & \cdots & a_{2n} \\ \vdots & \vdots & & \vdots \\ a_{n1} & a_{n2} & \cdots & a_{nn} \end{vmatrix} \neq 0.$$

例 3 判断向量组 $\boldsymbol{\alpha}_1=[1,1,1],\boldsymbol{\alpha}_2=[0,1,1],\boldsymbol{\alpha}_3=[1,0,1]$ 的线性相关性.

解 由 $\boldsymbol{\alpha}_1,\boldsymbol{\alpha}_2,\boldsymbol{\alpha}_3$ 组成的行列式 $\begin{vmatrix} 1 & 1 & 1 \\ 0 & 1 & 1 \\ 1 & 0 & 1 \end{vmatrix}=1\neq 0$,所以由定理 3 可知向量组 $\boldsymbol{\alpha}_1,\boldsymbol{\alpha}_2,\boldsymbol{\alpha}_3$ 线性无关.

定理 4 如果一向量组的部分向量组线性相关,则该向量组也线性相关.

证 设向量组 $\boldsymbol{\alpha}_1,\boldsymbol{\alpha}_2,\cdots,\boldsymbol{\alpha}_s$ 中有 r 个 $(r\leqslant s)$ 向量线性相关,不妨设 $\boldsymbol{\alpha}_1,\boldsymbol{\alpha}_2,\cdots,\boldsymbol{\alpha}_r$ 线性相关,即存在一组不全为零的实数 $k_1,k_2,\cdots,k_r,0,\cdots,0$ 使

$$k_1\boldsymbol{\alpha}_1+k_2\boldsymbol{\alpha}_2+\cdots+k_r\boldsymbol{\alpha}_r+0\boldsymbol{\alpha}_{r+1}+\cdots+0\boldsymbol{\alpha}_s=\mathbf{0},$$

因此向量组 $\boldsymbol{\alpha}_1,\boldsymbol{\alpha}_2,\cdots,\boldsymbol{\alpha}_s$ 线性相关.

推论 1 如果一向量组线性无关,则其中任一个部分向量组也线性无关.

定义 3 在 $m\times n$ 矩阵 $\mathbf{A}$ 中,任取 k 行与 k 列 $(1\leqslant k\leqslant \min\{m,n\})$,位于这些行列交叉点处的 k^2 个元素,不改变它们在 $\mathbf{A}$ 中所处的位置次序而得的 k 阶行列式,称为矩阵 $\mathbf{A}$ 的 k 阶子式.

$m\times n$ 矩阵 $\mathbf{A}$ 的 k 阶子式共有 $C_m^k C_n^k$ 个.

定理 5 设 n 维向量组 $\mathbf{A}:\boldsymbol{\alpha}_1,\boldsymbol{\alpha}_2,\cdots,\boldsymbol{\alpha}_r$ 构成矩阵

$$\boldsymbol{A}=\begin{bmatrix}\boldsymbol{\alpha}_1\\\boldsymbol{\alpha}_2\\\vdots\\\boldsymbol{\alpha}_r\end{bmatrix}=\begin{bmatrix}a_{11}&a_{12}&\cdots&a_{1n}\\a_{21}&a_{22}&\cdots&a_{2n}\\\vdots&\vdots&&\vdots\\a_{r1}&a_{r2}&\cdots&a_{rn}\end{bmatrix},$$

当 $r\leqslant n$ 时，向量组 $\boldsymbol{A}$ 线性无关的充分必要条件是：在矩阵 $\boldsymbol{A}$ 中存在一个不等于零的 r 阶子式.

推论 2 当 $m>n$ 时，m 个 n 维向量 $\boldsymbol{\alpha}_1,\boldsymbol{\alpha}_2,\cdots,\boldsymbol{\alpha}_m$ 必线性相关.

证明 若 $\boldsymbol{\alpha}_1,\boldsymbol{\alpha}_2,\cdots,\boldsymbol{\alpha}_n$ 线性相关，则 $\boldsymbol{\alpha}_1,\boldsymbol{\alpha}_2,\cdots,\boldsymbol{\alpha}_n,\cdots,\boldsymbol{\alpha}_m$ 线性相关.

若 $\boldsymbol{\alpha}_1,\boldsymbol{\alpha}_2,\cdots,\boldsymbol{\alpha}_n$ 线性无关，则方程组

$$[\boldsymbol{\alpha}_1^{\mathrm{T}},\boldsymbol{\alpha}_2^{\mathrm{T}},\cdots,\boldsymbol{\alpha}_n^{\mathrm{T}}]\boldsymbol{X}=\boldsymbol{\alpha}_{n+1}^{\mathrm{T}}$$

因系数行列式不等于 0 而有唯一解，即 $\boldsymbol{\alpha}_{n+1}$ 能由 $\boldsymbol{\alpha}_1,\boldsymbol{\alpha}_2,\cdots,\boldsymbol{\alpha}_n$ 线性表示，故 $\boldsymbol{\alpha}_1,\boldsymbol{\alpha}_2,\cdots,\boldsymbol{\alpha}_n,\boldsymbol{\alpha}_{n+1}$线性相关，从而 $\boldsymbol{\alpha}_1,\boldsymbol{\alpha}_2,\cdots,\boldsymbol{\alpha}_n,\cdots,\boldsymbol{\alpha}_m$ 线性相关.

由推论 2 知定理 5 的条件 $r\leqslant n$ 可以去掉(当 $r>n$ 时，矩阵 $\boldsymbol{A}$ 中不存在 r 阶子式)，于是定理 5 可叙述为：

定理 5′ 设 r 个 n 维向量构成矩阵 $\boldsymbol{A}$，那么这 r 个向量线性无关的充分必要条件是 $\boldsymbol{A}$ 中存在不等于零的 r 阶子式. 反言之，这 r 个向量线性相关的充分必要条件是 $\boldsymbol{A}$ 中没有不等于零的 r 阶子式.

推论 3 如果在 $m\times n$ 矩阵 $\boldsymbol{A}$ 中有一个 r 阶子式 $D\neq0$，则含有 D 的 r 个行向量及 r 个列向量都线性无关；如果 $\boldsymbol{A}$ 中所有 r 阶子式全等于零，则 $\boldsymbol{A}$ 的任意 r 个行向量及任意 r 个列向量都线性相关.

例 4 讨论向量组 $\boldsymbol{\beta}_1=[1,1,-1,0]$，$\boldsymbol{\beta}_2=[2,-1,-1,2]$，$\boldsymbol{\beta}_3=[3,0,-2,2]$的线性相关性.

解 以向量组 $\boldsymbol{\beta}_1,\boldsymbol{\beta}_2,\boldsymbol{\beta}_3$ 为行构成的矩阵 $\boldsymbol{B}$ 共有 4 个三阶子式，且全为零，从而向量组 $\boldsymbol{\beta}_1,\boldsymbol{\beta}_2,\boldsymbol{\beta}_3$ 线性相关.

例 5 已知 $\boldsymbol{\alpha}_1,\boldsymbol{\alpha}_2,\boldsymbol{\alpha}_3$ 线性无关，若 $\boldsymbol{\alpha}_1+2\boldsymbol{\alpha}_2,2\boldsymbol{\alpha}_2+k\boldsymbol{\alpha}_3,3\boldsymbol{\alpha}_3+2\boldsymbol{\alpha}_1$ 线性相关，求 k 的值.

解 因为 $\boldsymbol{\alpha}_1+2\boldsymbol{\alpha}_2,2\boldsymbol{\alpha}_2+k\boldsymbol{\alpha}_3,3\boldsymbol{\alpha}_3+2\boldsymbol{\alpha}_1$ 线性相关，故存在不全为零的 x_1,x_2,x_3 使

$$x_1(\boldsymbol{\alpha}_1+2\boldsymbol{\alpha}_2)+x_2(2\boldsymbol{\alpha}_2+k\boldsymbol{\alpha}_3)+x_3(3\boldsymbol{\alpha}_3+2\boldsymbol{\alpha}_1)=\boldsymbol{0}$$

即
$$(x_1+2x_3)\boldsymbol{\alpha}_1+(2x_1+2x_2)\boldsymbol{\alpha}_2+(kx_2+3x_3)\boldsymbol{\alpha}_3=\boldsymbol{0}$$

因为 $\boldsymbol{\alpha}_1,\boldsymbol{\alpha}_2,\boldsymbol{\alpha}_3$ 线性无关，故上式中必有

$$\begin{cases}x_1+2x_3=0\\2x_1+2x_2=0\\kx_2+3x_3=0\end{cases}\tag{3.8}$$

由于 x_1,x_2,x_3 不全为零，于是齐次方程组(3.8)有非零解，系数行列式必为零，那么

$$\begin{vmatrix}1 & 0 & 2\\2 & 2 & 0\\0 & k & 3\end{vmatrix}=6+4k=0.$$

从而 $k=-\dfrac{3}{2}$.

习题 3.2

1. 讨论下列向量组的线性相关性：

(1)$\boldsymbol{\alpha}_1=[1,1,1]$,$\boldsymbol{\alpha}_2=[-1,2,-2]$,$\boldsymbol{\alpha}_3=[0,3,-1]$；

(2)$\boldsymbol{\alpha}_1=[1,1,1,1]$,$\boldsymbol{\alpha}_2=[-1,-1,0,0]$,$\boldsymbol{\alpha}_3=[-2,-2,1,1]$,$\boldsymbol{\alpha}_4=[-5,-3,0,6]$.

2. k 取何值时下列向量组线性无关：

$$\boldsymbol{\alpha}_1=[k,1,1],\boldsymbol{\alpha}_2=[1,k,1],\boldsymbol{\alpha}_3=[1,1,k].$$

3. 设向量组 $\boldsymbol{\alpha}_1,\boldsymbol{\alpha}_2,\cdots,\boldsymbol{\alpha}_s$ 线性无关，证明 $\boldsymbol{\beta},\boldsymbol{\alpha}_1,\boldsymbol{\alpha}_2,\cdots,\boldsymbol{\alpha}_s$ 线性无关的充分必要条件是 $\boldsymbol{\beta}$ 不能由 $\boldsymbol{\alpha}_1,\boldsymbol{\alpha}_2,\cdots,\boldsymbol{\alpha}_s$ 线性表示.

3.3 向量组的秩

向量组的线性相关性是向量内部关系的体现，这种关系可以推广到两组向量之间，并以此为基础可以建立极大无关组的概念，进而得到向量组的秩的概念，它是以后讨论线性方程组的理论基础。

3.3.1 向量组的等价

定义 1 设两个 n 维向量组

(Ⅰ) $\boldsymbol{\alpha}_1,\boldsymbol{\alpha}_2,\cdots,\boldsymbol{\alpha}_s$,

(Ⅱ) $\boldsymbol{\beta}_1,\boldsymbol{\beta}_2,\cdots,\boldsymbol{\beta}_t$.

如果组(Ⅰ)中每一个向量 $\boldsymbol{\alpha}_i(i=1,2,\cdots,s)$都能由向量组(Ⅱ)线性表示，则称向量组(Ⅰ)可以由向量组(Ⅱ)线性表示. 如果两个向量组可以相互线性表示，则称这两个向量组等价.

例如，对于向量组

(Ⅰ) $\boldsymbol{\alpha}_1=[1,0],\boldsymbol{\alpha}_2=[0,1]$;

(Ⅱ) $\boldsymbol{\beta}_1=[1,1],\boldsymbol{\beta}_2=[2,3]$.

不难验证有下面关系：

$$\boldsymbol{\alpha}_1=3\boldsymbol{\beta}_1-\boldsymbol{\beta}_2,\boldsymbol{\alpha}_2=-2\boldsymbol{\beta}_1+\boldsymbol{\beta}_2;$$

$$\boldsymbol{\beta}_1=\boldsymbol{\alpha}_1+\boldsymbol{\alpha}_2,\boldsymbol{\beta}_2=2\boldsymbol{\alpha}_1+3\boldsymbol{\alpha}_2.$$

由于这两个向量组能互相线性表示，因此，向量组(Ⅰ)与向量组(Ⅱ)等价.

向量组的等价具有性质：

(1)自反性　任一向量组与其自身等价.

(2)对称性　若向量组(Ⅰ)与向量组(Ⅱ)等价,则向量组(Ⅱ)也与向量组(Ⅰ)等价.

(3)传递性　若向量组(Ⅰ)与向量组(Ⅱ)等价,向量组(Ⅱ)与向量组(Ⅲ)等价,则向量组(Ⅰ)与向量组(Ⅲ)也等价.

例1　设向量组(Ⅰ):$\boldsymbol{\alpha}_1,\boldsymbol{\alpha}_2,\cdots,\boldsymbol{\alpha}_s$,可以由向量组(Ⅱ):$\boldsymbol{\beta}_1,\boldsymbol{\beta}_2,\cdots,\boldsymbol{\beta}_t$ 线性表示;而向量组(Ⅱ)又能由向量组(Ⅲ):$\gamma_1,\gamma_2,\cdots,\gamma_p$ 线性表示,那么向量组(Ⅰ)能由向量组(Ⅲ)线性表示.

证明　向量组(Ⅰ)能由向量组(Ⅱ)线性表示,即存在一组实数 $k_{ij}(i=1,2,\cdots,s;j=1,2,\cdots,t)$,使

$$\boldsymbol{\alpha}_i=k_{i1}\boldsymbol{\beta}_1+k_{i2}\boldsymbol{\beta}_2+\cdots+k_{it}\boldsymbol{\beta}_t(i=1,2,\cdots,s).$$

用矩阵表示为

$$\begin{bmatrix}\boldsymbol{\alpha}_1\\\boldsymbol{\alpha}_2\\\vdots\\\boldsymbol{\alpha}_s\end{bmatrix}=\begin{bmatrix}k_{11}&k_{12}&\cdots&k_{1t}\\k_{21}&k_{22}&\cdots&k_{2t}\\\vdots&\vdots&&\vdots\\k_{s1}&k_{s2}&\cdots&k_{st}\end{bmatrix}\begin{bmatrix}\boldsymbol{\beta}_1\\\boldsymbol{\beta}_2\\\vdots\\\boldsymbol{\beta}_t\end{bmatrix}.$$

同理有

$$\begin{bmatrix}\boldsymbol{\beta}_1\\\boldsymbol{\beta}_2\\\vdots\\\boldsymbol{\beta}_t\end{bmatrix}=\begin{bmatrix}l_{11}&l_{12}&\cdots&l_{1p}\\l_{21}&l_{22}&\cdots&l_{2p}\\\vdots&\vdots&&\vdots\\l_{t1}&l_{t2}&\cdots&l_{tp}\end{bmatrix}\begin{bmatrix}\boldsymbol{\gamma}_1\\\boldsymbol{\gamma}_2\\\vdots\\\boldsymbol{\gamma}_p\end{bmatrix}.$$

由此得

$$\begin{bmatrix}\boldsymbol{\alpha}_1\\\boldsymbol{\alpha}_2\\\vdots\\\boldsymbol{\alpha}_s\end{bmatrix}=\begin{bmatrix}k_{11}&k_{12}&\cdots&k_{1t}\\k_{21}&k_{22}&\cdots&k_{2t}\\\vdots&\vdots&&\vdots\\k_{s1}&k_{s2}&\cdots&k_{st}\end{bmatrix}\begin{bmatrix}l_{11}&l_{12}&\cdots&l_{1p}\\l_{21}&l_{22}&\cdots&l_{2p}\\\vdots&\vdots&&\vdots\\l_{t1}&l_{t2}&\cdots&l_{tp}\end{bmatrix}\begin{bmatrix}\boldsymbol{\gamma}_1\\\boldsymbol{\gamma}_2\\\vdots\\\boldsymbol{\gamma}_p\end{bmatrix}.$$

故向量组(Ⅰ)能由向量组(Ⅲ)线性表示.

3.3.2 极大无关组

我们先看一个简单的例子,对于向量组 $\boldsymbol{\alpha}_1,\boldsymbol{\alpha}_2,\boldsymbol{\alpha}_3$,其中

$$\boldsymbol{\alpha}_1=\begin{bmatrix}1\\2\\-1\end{bmatrix},\boldsymbol{\alpha}_2=\begin{bmatrix}2\\-3\\1\end{bmatrix},\boldsymbol{\alpha}_3=\begin{bmatrix}4\\1\\-1\end{bmatrix}.$$

由于 $\begin{vmatrix}1&2&4\\2&-3&1\\-1&1&-1\end{vmatrix}=0$,所以向量组 $\boldsymbol{\alpha}_1,\boldsymbol{\alpha}_2,\boldsymbol{\alpha}_3$ 线性相关,但它的部分组却可能是线

性无关的.现考察其构成线性无关的那些部分组：

单个向量构成的向量组 $\boldsymbol{\alpha}_1$ 或 $\boldsymbol{\alpha}_2$ 或 $\boldsymbol{\alpha}_3$；

两个向量构成的向量组 $\boldsymbol{\alpha}_1,\boldsymbol{\alpha}_2$ 或 $\boldsymbol{\alpha}_1,\boldsymbol{\alpha}_3$ 或 $\boldsymbol{\alpha}_2,\boldsymbol{\alpha}_3$.

这样,由两个向量构成的部分组,如 $\boldsymbol{\alpha}_1,\boldsymbol{\alpha}_2$ 等,都满足这样的两个条件:①线性无关;②把原向量组的任一向量添加进去,所得的向量组都线性相关.

在此意义上,将满足这两个条件的任一部分组,如 $\boldsymbol{\alpha}_1,\boldsymbol{\alpha}_2$ 等,称为原向量组的一个极大线性无关组.

根据以上讨论,下面给出向量组的极大线性无关组的概念.

定义 2 设向量组的一个部分组 $\boldsymbol{\alpha}_1,\boldsymbol{\alpha}_2,\cdots,\boldsymbol{\alpha}_s$ 满足：

(1)$\boldsymbol{\alpha}_1,\boldsymbol{\alpha}_2,\cdots,\boldsymbol{\alpha}_s$ 线性无关；

(2)向量组中任一向量均可由此部分组线性表示.

则称 $\boldsymbol{\alpha}_1,\boldsymbol{\alpha}_2,\cdots,\boldsymbol{\alpha}_s$ 是该向量组的一个极大线性无关组.

由上述定义不难看出,一个线性无关向量组的极大线性无关组就是它本身;任意向量组的极大线性无关组与该向量组等价,从而向量组的任意两个极大线性无关组都是等价的.

定理 1 设有两个向量组 $\boldsymbol{A}:\boldsymbol{\alpha}_1,\boldsymbol{\alpha}_2,\cdots,\boldsymbol{\alpha}_s$;$\boldsymbol{B}:\boldsymbol{\beta}_1,\boldsymbol{\beta}_2,\cdots,\boldsymbol{\beta}_t$.若向量组 $\boldsymbol{B}$ 能由向量组 $\boldsymbol{A}$ 线性表示,且 $t>s$,则向量组 $\boldsymbol{B}:\boldsymbol{\beta}_1,\boldsymbol{\beta}_2,\cdots,\boldsymbol{\beta}_t$ 线性相关.

证明 设 $\boldsymbol{\beta}_j=\sum\limits_{i=1}^{s}k_{ij}\boldsymbol{\alpha}_i\quad(j=1,2,\cdots,t)$.

要证 $\boldsymbol{\beta}_1,\boldsymbol{\beta}_2,\cdots,\boldsymbol{\beta}_t$ 线性相关,只需证存在不全为零的实数 $x_1,x_2,\cdots,x_t$,使得

$$x_1\boldsymbol{\beta}_1+x_2\boldsymbol{\beta}_2+\cdots+x_t\boldsymbol{\beta}_t=\mathbf{0},\tag{3.9}$$

即

$$\sum_{j=1}^{t}x_j\boldsymbol{\beta}_j=\sum_{j=1}^{t}(\sum_{i=1}^{s}k_{ij}\boldsymbol{\alpha}_i)x_j=\sum_{i=1}^{s}(\sum_{j=1}^{t}k_{ij}x_j)\boldsymbol{\alpha}_i=\mathbf{0}.$$

当其中 $\boldsymbol{\alpha}_1,\boldsymbol{\alpha}_2,\cdots,\boldsymbol{\alpha}_s$ 的系数

$$\sum_{j=1}^{t}k_{ij}x_j=0\quad(i=1,2,\cdots,s)\tag{3.10}$$

时,式(3.9)显然成立.而式(3.10)是 t 个未知量 $x_1,x_2,\cdots,x_t$ 的齐次线性方程组,由于 $t>s$(即未知量个数大于方程个数),故方程组(3.10)必有非零解,即有不全为零的 $x_1,x_2,\cdots,x_t$ 使式(3.9)成立,所以 $\boldsymbol{\beta}_1,\boldsymbol{\beta}_2,\cdots,\boldsymbol{\beta}_t$ 线性相关.

由定理 1 易得出下面结论：

推论 1 如果向量组 $\boldsymbol{\beta}_1,\boldsymbol{\beta}_2,\cdots,\boldsymbol{\beta}_t$ 可以由向量组 $\boldsymbol{\alpha}_1,\boldsymbol{\alpha}_2,\cdots,\boldsymbol{\alpha}_s$ 线性表示,且 $\boldsymbol{\beta}_1,\boldsymbol{\beta}_2,\cdots,\boldsymbol{\beta}_t$ 线性无关,那么必有 $t\leqslant s$.

例 2 证明:任意 $n+1$ 个 n 维向量一定线性相关.

证明 因为任意一个 n 维向量 $\boldsymbol{\alpha}=[a_1,a_2,\cdots,a_n]$ 都能由 n 维单位坐标向量组线性表示,所以任意 $n+1$ 个 n 维向量 $\boldsymbol{\alpha}_1,\boldsymbol{\alpha}_2,\cdots,\boldsymbol{\alpha}_n,\boldsymbol{\alpha}_{n+1}$ 都能由 n 维单位坐标向量组 $\boldsymbol{\varepsilon}_1,\boldsymbol{\varepsilon}_2,\cdots,\boldsymbol{\varepsilon}_n$ 线性表示,故由定理 1 知,结论成立.

推论 2　两个线性无关的等价向量组含有相同个数的向量.

3.3.3　向量组的秩

推论 2 表明,向量组的极大线性无关组所含的向量个数与极大线性无关组的选择无关,它是由向量组本身所决定的,这是向量组的一个重要属性.为此,我们引入向量组秩的概念.

定义 3　向量组的极大线性无关组所含向量的个数称为向量组的**秩**.记作 r.

规定,由零向量组成的向量组的秩为零.

因为一个线性无关向量组的极大线性无关组就是本身,所以有下面的性质.

性质 1　向量组线性无关的充要条件是向量组的秩等于向量组所含的向量个数.

性质 2　若向量组 $\boldsymbol{A}$ 可由向量组 $\boldsymbol{B}$ 线性表示,则向量组 $\boldsymbol{A}$ 的秩不大于向量组 $\boldsymbol{B}$ 的秩.

证明　设 $\boldsymbol{A}:\boldsymbol{\alpha}_1,\boldsymbol{\alpha}_2,\cdots,\boldsymbol{\alpha}_s$ 的极大线性无关组为 $\boldsymbol{\alpha}_1,\boldsymbol{\alpha}_2,\cdots,\boldsymbol{\alpha}_p,r(\boldsymbol{A})=p$.

$\boldsymbol{B}:\boldsymbol{\beta}_1,\boldsymbol{\beta}_2,\cdots,\boldsymbol{\beta}_t$ 的极大线性无关组为 $\boldsymbol{\beta}_1,\boldsymbol{\beta}_2,\cdots,\boldsymbol{\beta}_q,r(\boldsymbol{B})=q$.

则向量组 $\boldsymbol{\alpha}_1,\boldsymbol{\alpha}_2,\cdots,\boldsymbol{\alpha}_s$ 与向量组 $\boldsymbol{\alpha}_1,\boldsymbol{\alpha}_2,\cdots,\boldsymbol{\alpha}_p$ 等价,向量组 $\boldsymbol{\beta}_1,\boldsymbol{\beta}_2,\cdots,\boldsymbol{\beta}_t$ 与向量组 $\boldsymbol{\beta}_1,\boldsymbol{\beta}_2,\cdots,\boldsymbol{\beta}_q$ 等价.

因此,由题设可知:向量组 $\boldsymbol{\alpha}_1,\boldsymbol{\alpha}_2,\cdots,\boldsymbol{\alpha}_p$ 能由向量组 $\boldsymbol{\beta}_1,\boldsymbol{\beta}_2,\cdots,\boldsymbol{\beta}_q$ 线性表示,再由推论 1 知 $p\leqslant q$,即 $r(\boldsymbol{A})\leqslant r(\boldsymbol{B})$.

由性质 2 易得.

推论 3　等价向量组必有相同的秩.

□ 习题 3.3

1. 设向量组 $\boldsymbol{\alpha}_1,\boldsymbol{\alpha}_2,\boldsymbol{\alpha}_3$ 可由向量组 $\boldsymbol{\beta}_1,\boldsymbol{\beta}_2,\boldsymbol{\beta}_3$ 线性表示为

$$\boldsymbol{\alpha}_1=\boldsymbol{\beta}_1+\boldsymbol{\beta}_3,$$
$$\boldsymbol{\alpha}_2=\boldsymbol{\beta}_2+\boldsymbol{\beta}_3,$$
$$\boldsymbol{\alpha}_3=\boldsymbol{\beta}_1+\boldsymbol{\beta}_2+\boldsymbol{\beta}_3.$$

证明:这两个向量组等价.

2. 设向量组 $\boldsymbol{\alpha}_1,\boldsymbol{\alpha}_2,\cdots,\boldsymbol{\alpha}_s$ 的秩为 $r(r<s)$,该向量组中任意一个向量都能由它的部分组 $\boldsymbol{\alpha}_1,\boldsymbol{\alpha}_2,\cdots,\boldsymbol{\alpha}_r$ 线性表示,证明:$\boldsymbol{\alpha}_1,\boldsymbol{\alpha}_2,\cdots,\boldsymbol{\alpha}_r$ 是向量组 $\boldsymbol{\alpha}_1,\boldsymbol{\alpha}_2,\cdots,\boldsymbol{\alpha}_s$ 的一个极大线性无关组.

3.4　矩阵的秩

向量组的秩是反映向量组线性相关性的本质不变量,而矩阵可以看成由行向量构成的,也可以看成由列向量构成的,那么反映矩阵的这些向量组的线性相关性的不变量是什么?本节将介绍矩阵秩的概念并给出其有效求法.

3.4.1　矩阵秩的概念

定义 1　设在矩阵 $\boldsymbol{A}$ 中有一个不等于 0 的 r 阶子式 D,且所有的 $r+1$ 阶子式(若存在)

全为 0,则 D 称为矩阵 $\boldsymbol{A}$ 的最高阶非零子式,数 r 称为矩阵 $\boldsymbol{A}$ 的秩,记为 $R(\boldsymbol{A})$. 并规定零矩阵的秩等于 0.

矩阵 $\boldsymbol{A}$ 的秩与矩阵 $\boldsymbol{A}$ 的转置 $\boldsymbol{A}^{\mathrm{T}}$ 的秩相同.

例 1 求矩阵 $\boldsymbol{A}=\begin{bmatrix}2&-3&8&2\\2&12&-2&12\\1&3&1&4\end{bmatrix}$ 的秩.

解 容易看出,$\boldsymbol{A}$ 的二阶子式 $D=\begin{vmatrix}2&-3\\2&12\end{vmatrix}\neq 0$,

而三阶子式都等于 0,即

$$\begin{vmatrix}2&-3&8\\2&12&-2\\1&3&1\end{vmatrix}=0,\begin{vmatrix}2&-3&2\\2&12&12\\1&3&4\end{vmatrix}=0,\begin{vmatrix}2&8&2\\2&-2&12\\1&1&4\end{vmatrix}=0,\begin{vmatrix}-3&8&2\\12&-2&12\\3&1&4\end{vmatrix}=0$$

所以 $R(\boldsymbol{A})=2$.

设矩阵 $\boldsymbol{A}=(a_{ij})_{s\times n}$,称 $\boldsymbol{A}$ 的行向量组 $\boldsymbol{\alpha}_1,\boldsymbol{\alpha}_2,\cdots,\boldsymbol{\alpha}_s$ 的秩为矩阵 $\boldsymbol{A}$ 的行秩;$\boldsymbol{A}$ 的列向量组 $\boldsymbol{\beta}_1,\boldsymbol{\beta}_2,\cdots,\boldsymbol{\beta}_n$ 的秩为矩阵 $\boldsymbol{A}$ 的列秩.

例如,对于矩阵

$$\boldsymbol{A}=\begin{bmatrix}1&2&3&4\\0&1&-1&0\\0&0&0&0\end{bmatrix},$$

$\boldsymbol{A}$ 的行向量为 $\boldsymbol{\alpha}_1=[1,2,3,4]$,$\boldsymbol{\alpha}_2=[0,1,-1,0]$,$\boldsymbol{\alpha}_3=[0,0,0,0]$,它的行秩显然为 2,这是由于部分组 $\boldsymbol{\alpha}_1,\boldsymbol{\alpha}_2$ 为 $\boldsymbol{A}$ 的行向量组的唯一一个极大线性无关组.

$\boldsymbol{A}$ 的列向量组为 $\boldsymbol{\beta}_1=[1,0,0]^{\mathrm{T}}$,$\boldsymbol{\beta}_2=[2,1,0]^{\mathrm{T}}$,$\boldsymbol{\beta}_3=[3,-1,0]^{\mathrm{T}}$,$\boldsymbol{\beta}_4=[4,0,0]^{\mathrm{T}}$,可以验证部分组 $\boldsymbol{\beta}_1,\boldsymbol{\beta}_2$ 为列向量组的一个极大线性无关组,所以 $\boldsymbol{A}$ 的列向量组的秩也为 2.

矩阵 $\boldsymbol{A}$ 的秩显然也为 2.

从这个例子我们可以看出,矩阵 $\boldsymbol{A}$ 的行秩、列秩和矩阵 $\boldsymbol{A}$ 的秩都相等,而且这个结论对任意一个矩阵都成立.

定理 1 任意一矩阵的秩等于它的行秩也等于它的列秩.

有了定理 1,我们可以把求一个向量组的秩转化为求矩阵的秩,而矩阵的秩用矩阵的初等变换可求出. 矩阵的初等变换是线性代数中的基本运算,它在化简矩阵、求解线性方程组以及矩阵求逆等问题时有着重要的作用。

3.4.2 矩阵的初等变换

定义 2 矩阵的初等行变换是指下列三种变换:

(1)对调两行(对调 i,j 两行,记作 $r_i\leftrightarrow r_j$);

(2)以数 $k\neq 0$ 乘以某一行中的所有元素(第 i 行乘 k,记作 kr_i);

(3)将某一行所有元素的 k 倍加到另一行对应的元素上去(第 j 行的 k 倍加到第 i 行上，记为 r_i+kr_j).

如果把上述定义中的行换成列，就称为矩阵的三种初等列变换，相应地分别记为 $c_i\leftrightarrow c_j$，kc_i，c_i+kc_j. 矩阵的初等行变换和初等列变换统称为矩阵的初等变换.

定理 2 设 $\boldsymbol{A}$ 是一个 $m\times n$ 矩阵，通过有限次初等行变换可以把它化为行阶梯形矩阵.

行阶梯形矩阵是指满足下列两个条件的矩阵：

(1)若有零行，则零行都在矩阵的下方；

(2)从第一行起，每行第一个非零元素前面的零的个数逐行递增.

例如，$\begin{bmatrix}1&2&3&4&5\\0&1&3&5&7\\0&0&0&2&4\\0&0&0&0&0\end{bmatrix}$是行阶梯形矩阵.

对于行阶梯形矩阵来说，它的秩就等于其非零行的行数.

例如

$$\boldsymbol{A}=\begin{bmatrix}1&0&3&2&6\\0&3&4&-1&2\\0&0&0&4&6\\0&0&0&0&0\\0&0&0&0&0\end{bmatrix}$$

因为 $\boldsymbol{A}$ 的非零行只有 3 行，所以它的所有 4 阶子式全为零，而以每行第一个非零元素所在行、列构成的 3 阶子式 $\begin{vmatrix}1&0&2\\0&3&-1\\0&0&4\end{vmatrix}\neq0$，所以，$R(\boldsymbol{A})=3$ 即非零行的行数.

对行阶梯形矩阵继续实行初等行变换，还可化为更简单的形式：

$$\begin{bmatrix}1&2&3&4&5\\0&1&3&5&7\\0&0&0&2&4\\0&0&0&0&0\end{bmatrix}\xrightarrow{\frac{1}{2}r_3}\begin{bmatrix}1&2&3&4&5\\0&1&3&5&7\\0&0&0&1&2\\0&0&0&0&0\end{bmatrix}\xrightarrow{r_1+(-2)r_2}$$

$$\begin{bmatrix}1&0&-3&-6&-9\\0&1&3&5&7\\0&0&0&1&2\\0&0&0&0&0\end{bmatrix}\xrightarrow[r_2-5r_3]{r_1+6r_3}\begin{bmatrix}1&0&-3&0&3\\0&1&3&0&-3\\0&0&0&1&2\\0&0&0&0&0\end{bmatrix}$$

上式中最后一个行阶梯形矩阵称为行最简形矩阵，它的非零行的第一个非 0 元素是 1，且 1 所在的列其余元素全为 0.

一般地，$m\times n$ 矩阵 $\boldsymbol{A}$ 经过若干次初等行变换均可化为行阶梯形矩阵及行最简形矩阵. 若再施行初等列变换，则还可以化为如下的形式：

$$\begin{bmatrix} 1 & 0 & \cdots & 0 & \cdots & 0 \\ 0 & 1 & \cdots & 0 & \cdots & 0 \\ \vdots & \vdots & & \vdots & & \vdots \\ 0 & 0 & \cdots & 1 & \cdots & 0 \\ 0 & 0 & \cdots & 0 & \cdots & 0 \end{bmatrix}$$

称上述矩阵为矩阵 $\boldsymbol{A}$ 的标准形. 其特点是:左上角是一个 r 阶单位阵,其余元素都为 0.

例 2 试将下列矩阵

$$\boldsymbol{A}=\begin{bmatrix} 2 & 0 & 1 & 4 \\ 1 & 3 & -2 & 5 \\ 3 & 3 & -1 & 9 \end{bmatrix}$$

化为标准形.

解 $\boldsymbol{A}\xrightarrow{r_1\leftrightarrow r_2}\begin{bmatrix} 1 & 3 & -2 & 5 \\ 2 & 0 & 1 & 4 \\ 3 & 3 & -1 & 9 \end{bmatrix}\xrightarrow[r_3-3r_1]{r_2-2r_1}\begin{bmatrix} 1 & 3 & -2 & 5 \\ 0 & -6 & 5 & -6 \\ 0 & -6 & 5 & -6 \end{bmatrix}\xrightarrow{r_3-r_2}$

$\begin{bmatrix} 1 & 3 & -2 & 5 \\ 0 & -6 & 5 & -6 \\ 0 & 0 & 0 & 0 \end{bmatrix}\xrightarrow{-\frac{1}{6}r_2}\begin{bmatrix} 1 & 3 & -2 & 5 \\ 0 & 1 & -\frac{5}{6} & 1 \\ 0 & 0 & 0 & 0 \end{bmatrix}\xrightarrow{r_1-3r_2}\begin{bmatrix} 1 & 0 & \frac{1}{2} & 2 \\ 0 & 1 & -\frac{5}{6} & 1 \\ 0 & 0 & 0 & 0 \end{bmatrix}\xrightarrow{c_3-\frac{1}{2}c_1}$

$\begin{bmatrix} 1 & 0 & 0 & 2 \\ 0 & 1 & -\frac{5}{6} & 1 \\ 0 & 0 & 0 & 0 \end{bmatrix}\xrightarrow{c_3+\frac{5}{6}c_2}\begin{bmatrix} 1 & 0 & 0 & 2 \\ 0 & 1 & 0 & 1 \\ 0 & 0 & 0 & 0 \end{bmatrix}\xrightarrow{c_4-2c_1}\begin{bmatrix} 1 & 0 & 0 & 0 \\ 0 & 1 & 0 & 1 \\ 0 & 0 & 0 & 0 \end{bmatrix}\xrightarrow{c_4-c_2}\begin{bmatrix} 1 & 0 & 0 & 0 \\ 0 & 1 & 0 & 0 \\ 0 & 0 & 0 & 0 \end{bmatrix}$

由上例可知,如果要将矩阵化为标准形,一般必须既要用初等行变换也要用初等列变换,特别地,当 $\boldsymbol{A}$ 为 n 阶可逆矩阵时,$R(\boldsymbol{A})=n$,故 $\boldsymbol{A}$ 的标准形为单位矩阵,可逆矩阵又称满秩矩阵.

定理 3 (1)若矩阵 $\boldsymbol{A}$ 经过有限次初等行变换变成矩阵 $\boldsymbol{B}$,则 $\boldsymbol{A}$ 的行向量组与 $\boldsymbol{B}$ 的行向量组等价,而 $\boldsymbol{A}$ 的任意 k 个列向量与 $\boldsymbol{B}$ 中对应的 k 个列向量有相同的线性相关性;

(2)若矩阵 $\boldsymbol{A}$ 经过有限次初等列变换变成矩阵 $\boldsymbol{B}$,则 $\boldsymbol{A}$ 的列向量组与 $\boldsymbol{B}$ 的列向量组等价,而 $\boldsymbol{A}$ 的任意 k 个行向量与 $\boldsymbol{B}$ 中对应的 k 个行向量有相同的线性相关性.

证明 只证明(1).

当矩阵 $\boldsymbol{A}$ 经过某个初等行变换变成矩阵 $\boldsymbol{B}$ 时,$\boldsymbol{B}$ 的行向量组能由 $\boldsymbol{A}$ 的行向量组线性表示,而 $\boldsymbol{B}$ 经过这个行变换的逆变换(仍为初等行变换)可变为 $\boldsymbol{A}$,因而 $\boldsymbol{A}$ 的行向量组也能由 $\boldsymbol{B}$ 的行向量组线性表示,于是 $\boldsymbol{A}$ 与 $\boldsymbol{B}$ 的行向量组等价.

由于矩阵 $\boldsymbol{A}$ 与 $\boldsymbol{B}$ 的行向量组等价,因而方程组 $\boldsymbol{AX}=\boldsymbol{0}$ 与 $\boldsymbol{BX}=\boldsymbol{0}$ 同解,故 $\boldsymbol{A}$ 的任意 k 个

列向量与 $\boldsymbol{B}$ 中对应的 k 个列向量有相同的线性相关性.

由定理 3 可得：

定理 4 设矩阵 $\boldsymbol{A}$ 经过初等变换变为 $\boldsymbol{B}$，则 $R(\boldsymbol{A})=R(\boldsymbol{B})$.

这样，求一矩阵的秩就可通过矩阵的初等行变换将它化为行阶梯形，行阶梯形矩阵的非零行的行数即为所求矩阵的秩.

例 3 求矩阵 $\boldsymbol{A}=\begin{bmatrix}1&0&-1&2\\2&1&3&1\\3&1&2&3\end{bmatrix}$ 的秩.

解 $$\boldsymbol{A}=\begin{bmatrix}1&0&-1&2\\2&1&3&1\\3&1&2&3\end{bmatrix}\xrightarrow{r_2-2r_1}\begin{bmatrix}1&0&-1&2\\0&1&5&-3\\3&1&2&3\end{bmatrix}\xrightarrow{r_3-3r_1}\begin{bmatrix}1&0&-1&2\\0&1&5&-3\\0&1&5&-3\end{bmatrix}$$
$$\xrightarrow{r_3-r_2}\begin{bmatrix}1&0&-1&2\\0&1&5&-3\\0&0&0&0\end{bmatrix}$$

故 $R(\boldsymbol{A})=2$.

例 4 设向量组 $\boldsymbol{\alpha}_1=[1,1,1,3]^{\mathrm{T}}$，$\boldsymbol{\alpha}_2=[-1,-3,5,1]^{\mathrm{T}}$，$\boldsymbol{\alpha}_3=[3,2,-1,p+2]^{\mathrm{T}}$，$\boldsymbol{\alpha}_4=[-2,-6,10,p]^{\mathrm{T}}$. 试问：

(1) 当 p 为何值时，该向量组线性无关？

(2) 当 p 为何值时，该向量组线性相关？并在此时求出它的秩和一个极大线性无关组.

解 对矩阵 $[\boldsymbol{\alpha}_1,\boldsymbol{\alpha}_2,\boldsymbol{\alpha}_3,\boldsymbol{\alpha}_4]$ 作初等行变换：

$$\begin{bmatrix}1&-1&3&-2\\1&-3&2&-6\\1&5&-1&10\\3&1&p+2&p\end{bmatrix}\xrightarrow[\substack{r_3-r_1\\r_4-3r_1}]{r_2-r_1}\begin{bmatrix}1&-1&3&-2\\0&-2&-1&-4\\0&6&-4&12\\0&4&p-7&p+6\end{bmatrix}\xrightarrow[r_4+2r_2]{r_3+3r_2}$$
$$\begin{bmatrix}1&-1&3&-2\\0&-2&-1&-4\\0&0&-7&0\\0&0&p-9&p-2\end{bmatrix}\xrightarrow{r_4+\frac{1}{7}(p-9)r_3}\begin{bmatrix}1&-1&3&-2\\0&-2&-1&-4\\0&0&-7&0\\0&0&0&p-2\end{bmatrix}.$$

(1) 当 $p\neq2$ 时，向量组 $\boldsymbol{\alpha}_1,\boldsymbol{\alpha}_2,\boldsymbol{\alpha}_3,\boldsymbol{\alpha}_4$ 线性无关，这是由于 $\begin{bmatrix}1&-1&3&-2\\0&-2&-1&-4\\0&0&-7&0\\0&0&0&p-2\end{bmatrix}$ 的秩为 4.

(2) 当 $p=2$ 时，向量组 $\boldsymbol{\alpha}_1,\boldsymbol{\alpha}_2,\boldsymbol{\alpha}_3,\boldsymbol{\alpha}_4$ 线性相关. 此时向量组的秩等于 3，易知 $\boldsymbol{\alpha}_1,\boldsymbol{\alpha}_2,\boldsymbol{\alpha}_3$（或 $\boldsymbol{\alpha}_1,\boldsymbol{\alpha}_3,\boldsymbol{\alpha}_4$）为其一个极大线性无关组.

习题 3.4

1. 求矩阵 $A=\begin{bmatrix} 6 & 1 & 1 & 7 \\ 4 & 0 & 4 & 1 \\ 1 & 2 & -9 & 0 \\ -1 & 3 & -16 & -1 \end{bmatrix}$ 的秩及其列向量组的一个极大线性无关组.

2. 求下列向量组的秩及其一个极大线性无关组：

$$\boldsymbol{\alpha}_1=[1,0,3,2],\boldsymbol{\alpha}_2=[2,1,0,-1],\boldsymbol{\alpha}_3=[-1,-1,3,3].$$

3. 求 k 的值使向量组 $\boldsymbol{\beta}_1=[1,3,4,2],\boldsymbol{\beta}_2=[2,k,0,-1],\boldsymbol{\beta}_3=[3,2,4,1]$ 的秩为 2.

3.5 初等矩阵

本节主要介绍初等矩阵的相关内容，并由此得到另外一种求矩阵的逆阵方法.

定义 1 对单位矩阵施行一次初等行变换得到的矩阵称为行初等矩阵.

由于有三种不同的初等行变换，所以相应地就有三种类型的行初等矩阵，分别记为 $\boldsymbol{R}_{ij}$、$\boldsymbol{R}_i(k)$、$\boldsymbol{R}_{ij}(k)$. 类似地，我们可以定义列初等矩阵，它们分别记为 $\boldsymbol{C}_{ij}$、$\boldsymbol{C}_i(k)$、$\boldsymbol{C}_{ij}(k)$，即

$$\boldsymbol{R}_{ij}=\boldsymbol{C}_{ij}=\begin{bmatrix} 1 & & & & & & \\ & \ddots & & & & & \\ & & 0 & \cdots & 1 & & \\ & & \vdots & \ddots & \vdots & & \\ & & 1 & \cdots & 0 & & \\ & & & & & \ddots & \\ & & & & & & 1 \end{bmatrix}$$（交换单位矩阵的第 i 行(列)和第 j 行(列)）

$$\boldsymbol{R}_i(k)=\boldsymbol{C}_i(k)=\begin{bmatrix} 1 & & & & \\ & \ddots & & & \\ & & k & & \\ & & & \ddots & \\ & & & & 1 \end{bmatrix}$$（把单位矩阵第 i 行或第 i 列乘以 k）

$$\boldsymbol{R}_{ij}(k)=\boldsymbol{C}_{ji}(k)=\begin{bmatrix} 1 & & & & & & \\ & \ddots & & & & & \\ & & 1 & & & & \\ & & \vdots & \ddots & & & \\ & & k & \cdots & 1 & & \\ & & & & & \ddots & \\ & & & & & & 1 \end{bmatrix}$$（把单位矩阵的第 i 行(j 列)乘以 k 加到第 j 行(i 列)上）

行初等矩阵及列初等矩阵统称为**初等矩阵**.

定理 1 初等矩阵都是可逆矩阵,且其逆矩阵仍为同型的初等矩阵.

$$\boldsymbol{R}_{ij}{}^{-1}=\boldsymbol{R}_{ij},\boldsymbol{R}_i(k)^{-1}=\boldsymbol{R}_i\left(\frac{1}{k}\right),\boldsymbol{R}_{ij}(k)^{-1}=\boldsymbol{R}_{ij}(-k);$$

$$\boldsymbol{C}_{ij}{}^{-1}=\boldsymbol{C}_{ij},\boldsymbol{C}_i(k)^{-1}=\boldsymbol{C}_i\left(\frac{1}{k}\right),\boldsymbol{C}_{ij}(k)^{-1}=\boldsymbol{C}_{ij}(-k).$$

定理 2 设 $\boldsymbol{A}$ 为 $m\times n$ 矩阵,对 $\boldsymbol{A}$ 作一次初等行变换所得的矩阵 $\boldsymbol{B}$ 等于以一个相应的 m 阶行初等矩阵左乘 $\boldsymbol{A}$,对 $\boldsymbol{A}$ 作一次初等列变换所得的矩阵 $\boldsymbol{C}$ 等于以一个相应的 n 阶列初等矩阵右乘 $\boldsymbol{A}$.

定理 3 可逆矩阵经过初等变换后仍为可逆矩阵,而不可逆矩阵经过初等变换后仍为不可逆矩阵.

证明 设可逆矩阵 $\boldsymbol{A}$ 经过一次初等变换后化为矩阵 $\boldsymbol{B}$,则由定理 2,有 $\boldsymbol{B}=\boldsymbol{RA}$,其中 $\boldsymbol{R}$ 为对应的初等矩阵. 又初等矩阵是可逆的,从而 $\boldsymbol{RA}$ 为可逆矩阵,即 $\boldsymbol{B}$ 为可逆矩阵.

当 $\boldsymbol{A}$ 为不可逆矩阵时,用反证法易证 $\boldsymbol{B}$ 也为不可逆矩阵.

因为任意一个 $m\times n$ 矩阵 $\boldsymbol{A}$ 经过有限次初等变换后都可以化为标准形,而矩阵 $\boldsymbol{A}$ 经过一次初等变换之后就相当于左乘或右乘一个对应的初等矩阵,所以有如下定理.

定理 4 任一 $m\times n$ 矩阵 $\boldsymbol{A}$,经过有限次初等变换后可化为标准形

$$\begin{bmatrix}\boldsymbol{E}_r & \boldsymbol{O}\\ \boldsymbol{O} & \boldsymbol{O}\end{bmatrix}$$

即,对任一 $m\times n$ 矩阵 $\boldsymbol{A}$ 必存在有限个初等矩阵 $\boldsymbol{P}_1,\boldsymbol{P}_2,\cdots,\boldsymbol{P}_s$ 及 $\boldsymbol{Q}_1,\boldsymbol{Q}_2,\cdots,\boldsymbol{Q}_t$,使

$$\boldsymbol{P}_s\cdots\boldsymbol{P}_2\boldsymbol{P}_1\boldsymbol{A}\boldsymbol{Q}_1\boldsymbol{Q}_2\cdots\boldsymbol{Q}_t=\begin{bmatrix}\boldsymbol{E}_r & \boldsymbol{O}\\ \boldsymbol{O} & \boldsymbol{O}\end{bmatrix}.$$

其中 r 是随矩阵 $\boldsymbol{A}$ 而定的,并约定当 $r=0$ 时 $\boldsymbol{E}_0$ 为零矩阵.

定理 5 n 阶方阵 $\boldsymbol{A}$ 为可逆矩阵的充要条件是 $\boldsymbol{A}$ 可以表示为有限个初等矩阵的乘积.

证明 充分性 显然.

必要性 由定理 4,存在初等矩阵 $\boldsymbol{P}_1,\boldsymbol{P}_2,\cdots,\boldsymbol{P}_s$ 及 $\boldsymbol{Q}_1,\boldsymbol{Q}_2,\cdots,\boldsymbol{Q}_t$,使

$$\boldsymbol{P}_s\cdots\boldsymbol{P}_2\boldsymbol{P}_1\boldsymbol{A}\boldsymbol{Q}_1\boldsymbol{Q}_2\cdots\boldsymbol{Q}_t=\begin{bmatrix}\boldsymbol{E}_r & \boldsymbol{O}\\ \boldsymbol{O} & \boldsymbol{O}\end{bmatrix}.$$

因为 $\boldsymbol{A}$ 为可逆矩阵,所以 $\begin{bmatrix}\boldsymbol{E}_r & \boldsymbol{O}\\ \boldsymbol{O} & \boldsymbol{O}\end{bmatrix}$ 也为可逆矩阵.

从而,$r=n$,即 $\begin{bmatrix}\boldsymbol{E}_r & \boldsymbol{O}\\ \boldsymbol{O} & \boldsymbol{O}\end{bmatrix}=\boldsymbol{E}_n$. 因此

$$\boldsymbol{A}=\boldsymbol{P}_1^{-1}\boldsymbol{P}_2^{-1}\cdots\boldsymbol{P}_s^{-1}\boldsymbol{E}_n\boldsymbol{Q}_t^{-1}\cdots\boldsymbol{Q}_2^{-1}\boldsymbol{Q}_1^{-1}=\boldsymbol{P}_1^{-1}\boldsymbol{P}_2^{-1}\cdots\boldsymbol{P}_s^{-1}\boldsymbol{Q}_t^{-1}\cdots\boldsymbol{Q}_2^{-1}\boldsymbol{Q}_1^{-1}$$

为有限多个初等矩阵的乘积.

这样，由定理 5 我们可得到求逆矩阵的一种方法.

设 n 阶方阵 $\boldsymbol{A}$ 为可逆的，则存在初等矩阵 $\boldsymbol{P}_1,\boldsymbol{P}_2,\cdots,\boldsymbol{P}_s$ 使得

$$\boldsymbol{A}=\boldsymbol{P}_1\boldsymbol{P}_2\cdots\boldsymbol{P}_s$$

故有
$$\boldsymbol{P}_s^{-1}\boldsymbol{P}_{s-1}^{-1}\cdots\boldsymbol{P}_1^{-1}\boldsymbol{A}=\boldsymbol{E} \tag{3.11}$$

从而
$$\boldsymbol{P}_s^{-1}\boldsymbol{P}_{s-1}^{-1}\cdots\boldsymbol{P}_1^{-1}=\boldsymbol{A}^{-1}$$

也即
$$\boldsymbol{P}_s^{-1}\boldsymbol{P}_{s-1}^{-1}\cdots\boldsymbol{P}_1^{-1}\boldsymbol{E}=\boldsymbol{A}^{-1} \tag{3.12}$$

式(3.11)表明 $\boldsymbol{A}$ 经过一系列初等行变换可化为单位矩阵 $\boldsymbol{E}$，式(3.12)表明 $\boldsymbol{E}$ 可经过同样的一系列初等行变换变成 $\boldsymbol{A}^{-1}$.

用分块矩阵把式(3.11)、式(3.12)合并为

$$\boldsymbol{P}_s^{-1}\boldsymbol{P}_{s-1}^{-1}\cdots\boldsymbol{P}_1^{-1}[\boldsymbol{A}\,|\,\boldsymbol{E}]=[\boldsymbol{E}\,|\,\boldsymbol{A}^{-1}]$$

即对 $n\times 2n$ 矩阵 $[\boldsymbol{A}\,|\,\boldsymbol{E}]$ 施行初等行变换，当 $\boldsymbol{A}$ 矩阵变换为单位阵 $\boldsymbol{E}$，同时单位矩阵 $\boldsymbol{E}$ 就变换为 $\boldsymbol{A}^{-1}$.

例 1 设 $\boldsymbol{A}=\begin{bmatrix}2&1&-1\\1&2&3\\3&1&-2\end{bmatrix}$，求 $\boldsymbol{A}^{-1}$.

解 $[\boldsymbol{A}\,|\,\boldsymbol{E}]=\left[\begin{array}{ccc|ccc}2&1&-1&1&0&0\\1&2&3&0&1&0\\3&1&-2&0&0&1\end{array}\right]$

$$\xrightarrow{r_1\leftrightarrow r_2}\left[\begin{array}{ccc|ccc}1&2&3&0&1&0\\2&1&-1&1&0&0\\3&1&-2&0&0&1\end{array}\right]\xrightarrow{r_2-2r_1}\left[\begin{array}{ccc|ccc}1&2&3&0&1&0\\0&-3&-7&1&-2&0\\3&1&-2&0&0&1\end{array}\right]$$

$$\xrightarrow{r_3-3r_1}\left[\begin{array}{ccc|ccc}1&2&3&0&1&0\\0&-3&-7&1&-2&0\\0&-5&-11&0&-3&1\end{array}\right]\xrightarrow{r_3-r_2}\left[\begin{array}{ccc|ccc}1&2&3&0&1&0\\0&-3&-7&1&-2&0\\0&-2&-4&-1&-1&1\end{array}\right]$$

$$\xrightarrow{r_2-2r_3}\left[\begin{array}{ccc|ccc}1&2&3&0&1&0\\0&1&1&3&0&-2\\0&-2&-4&-1&-1&1\end{array}\right]\xrightarrow{r_3+2r_2}\left[\begin{array}{ccc|ccc}1&2&3&0&1&0\\0&1&1&3&0&-2\\0&0&-2&5&-1&-3\end{array}\right]$$

$$\xrightarrow{\left(-\frac{1}{2}\right)r_3}\left[\begin{array}{ccc|ccc}1&2&3&0&1&0\\0&1&1&3&0&-2\\0&0&1&-\frac{5}{2}&\frac{1}{2}&\frac{3}{2}\end{array}\right]\xrightarrow{r_2-r_3}\left[\begin{array}{ccc|ccc}1&2&3&0&1&0\\0&1&0&\frac{11}{2}&-\frac{1}{2}&-\frac{7}{2}\\0&0&1&-\frac{5}{2}&\frac{1}{2}&\frac{3}{2}\end{array}\right]$$

$$\xrightarrow{r_1-2r_2}\left[\begin{array}{ccc|ccc}1&0&3&-11&2&7\\0&1&0&\frac{11}{2}&-\frac{1}{2}&-\frac{7}{2}\\0&0&1&-\frac{5}{2}&\frac{1}{2}&\frac{3}{2}\end{array}\right]\xrightarrow{r_1-3r_3}\left[\begin{array}{ccc|ccc}1&0&0&-\frac{7}{2}&\frac{1}{2}&\frac{5}{2}\\0&1&0&\frac{11}{2}&-\frac{1}{2}&-\frac{7}{2}\\0&0&1&-\frac{5}{2}&\frac{1}{2}&\frac{3}{2}\end{array}\right]$$

故

$$\boldsymbol{A}^{-1}=\begin{bmatrix}-\frac{7}{2}&\frac{1}{2}&\frac{5}{2}\\\frac{11}{2}&-\frac{1}{2}&-\frac{7}{2}\\-\frac{5}{2}&\frac{1}{2}&\frac{3}{2}\end{bmatrix}.$$

习题 3.5

1. 试用矩阵的初等变换，将矩阵 $\boldsymbol{A}$ 化为标准形，并写出相应的初等矩阵使得 $\boldsymbol{A}$ 与这些初等矩阵的乘积为该标准形矩阵.

$$\boldsymbol{A}=\begin{bmatrix}2&1&-1\\1&0&1\\3&1&0\end{bmatrix}.$$

2. 求矩阵 $\boldsymbol{A}=\begin{bmatrix}-3&0&1\\-2&1&3\\1&1&1\end{bmatrix}$ 的逆矩阵.

3.6 向量空间

本节我们将简要介绍向量空间的几个基本概念，为下章研究线性方程组解的理论做准备.

定义 1 设 $\mathbf{V}$ 为 n 维向量的集合，如果集合 $\mathbf{V}$ 非空，且集合 $\mathbf{V}$ 对于加法及数乘两种运算封闭，那么就称集合 $\mathbf{V}$ 为向量空间.

所谓封闭，是指在集合 $\mathbf{V}$ 中可以进行加法及数乘两种运算，具体地说就是：若 $\boldsymbol{\alpha}\in\mathbf{V}$，$\boldsymbol{\beta}\in\mathbf{V}$，则 $\boldsymbol{\alpha}+\boldsymbol{\beta}\in\mathbf{V}$；若 $\boldsymbol{\alpha}\in\mathbf{V}$，$\lambda\in\mathbf{R}$，则 $\lambda\boldsymbol{\alpha}\in\mathbf{V}$.

例 1 三维向量的全体 $\boldsymbol{R}^3$，就是一个向量空间. 因为任意两个三维向量之和仍然是三维向量，数 λ 乘三维向量也仍然是三维向量，它们都属于 $\boldsymbol{R}^3$. 我们可以用有向线段形象地表示三维向量，从而向量空间 $\boldsymbol{R}^3$ 可以形象地看作以坐标原点为起点的有向线段的全体.

类似地，n 维向量的全体 $\mathbf{R}^n$，也是一个向量空间，不过当 $n>3$ 时，它没有直观的几何意义.

例 2 集合 $\mathbf{V}=\{x=[1,x_2,\cdots,x_n]\mid x_2,\cdots,x_n\in\mathbf{R}\}$ 不是向量空间.

因为若 $\boldsymbol{\alpha}=[1,a_2,\cdots,a_n]\in\mathbf{V}$，则 $2\boldsymbol{\alpha}=[2,2a_2,\cdots,2a_n]\notin\mathbf{V}$

定义 2 设 $\mathbf{V}$ 为向量空间，如果 r 个向量 $\boldsymbol{\alpha}_1,\boldsymbol{\alpha}_2,\cdots,\boldsymbol{\alpha}_r\in\mathbf{V}$，且满足：

(1) $\boldsymbol{\alpha}_1,\boldsymbol{\alpha}_2,\cdots,\boldsymbol{\alpha}_r$ 线性无关；

(2) $\mathbf{V}$ 中的任一向量都可以由 $\boldsymbol{\alpha}_1,\boldsymbol{\alpha}_2,\cdots,\boldsymbol{\alpha}_r$ 线性表示；

那么，向量组 $\boldsymbol{\alpha}_1,\boldsymbol{\alpha}_2,\cdots,\boldsymbol{\alpha}_r$ 就称为向量空间 $\mathbf{V}$ 的一个基，r 称为向量空间 $\mathbf{V}$ 的维数，并称 $\mathbf{V}$ 为 r 维向量空间。

如果向量空间 $\mathbf{V}$ 没有基，则 $\mathbf{V}$ 的维数是 0，0 维向量空间只含一个零向量.

若把向量空间 $\mathbf{V}$ 看成向量组，那么 $\mathbf{V}$ 的基实际上就是向量组的极大线性无关组，$\mathbf{V}$ 的维数就是向量组的秩.

若向量组 $\boldsymbol{\alpha}_1,\boldsymbol{\alpha}_2,\cdots,\boldsymbol{\alpha}_r$ 是向量空间 $\mathbf{V}$ 的一个基，则 $\mathbf{V}$ 可以表示成

$$\mathbf{V}=\{x=\lambda_1\boldsymbol{\alpha}_1+\lambda_2\boldsymbol{\alpha}_2+\cdots+\lambda_r\boldsymbol{\alpha}_r\mid\lambda_1,\lambda_2,\cdots,\lambda_r\in\mathbf{R}\}$$

这就清楚地显示出向量空间 $\mathbf{V}$ 的构造.

向量组的线性相关性与矩阵秩的 Matlab 实验*

例 1 某厂有甲乙两种不同的原料，甲原料含锌与镁各 10% 与 20%，乙原料含锌与镁各 10% 与 30%. 现在要用这两种原料分别配制 A、B 两种试剂，A 试剂需含锌、镁各 2 g 与 5 g；B 试剂需含锌、镁各 1 g 与 2 g. 问配制 A、B 两种试剂分别需要甲乙两种原料各多少 g?

解 设配制 A 试剂需甲乙两种原料分别为 x,y g，配制 B 试剂需甲乙两种原料分别为 s,t g；则有如下矩阵方程：

$$\begin{bmatrix}0.1 & 0.1\\0.2 & 0.3\end{bmatrix}\begin{bmatrix}x & s\\y & t\end{bmatrix}=\begin{bmatrix}2 & 1\\5 & 2\end{bmatrix}$$

设

$$\boldsymbol{A}=\begin{bmatrix}0.1 & 0.1\\0.2 & 0.3\end{bmatrix},\boldsymbol{X}=\begin{bmatrix}x & s\\y & t\end{bmatrix},\boldsymbol{B}=\begin{bmatrix}2 & 1\\5 & 2\end{bmatrix}$$

用 Matlab 求解方程组 $\boldsymbol{AX}=\boldsymbol{B}$ 如下：

```
>>A=[0.1 0.1;0.2 0.3];
>>B=[2 1;5 2];
>>X=A\B
```

运行结果：

```
X =

    10.0000   10.0000
    10.0000         0
```

即配制 A 试剂分别需要甲乙两种原料各 10 g，配制 B 试剂分别需要甲乙两种原料 10 g 与 0 g.

例 2 现有两种原料都是由 A、B、C、D 四种成分混合而成，这两种原料四种成分的比例分别为 2∶3∶1∶1 和 1∶2∶1∶2. 现在需要一种新型原料，其中四种成分的比例为 4∶7∶3∶5. 求新型原料能否由原有的两种原料按一定比例配制成？

解 令 $\boldsymbol{\alpha}_1=\begin{bmatrix}2\\3\\1\\1\end{bmatrix},\boldsymbol{\alpha}_2=\begin{bmatrix}1\\2\\1\\2\end{bmatrix},\boldsymbol{\beta}=\begin{bmatrix}4\\7\\3\\5\end{bmatrix}$，则原问题即求 $\boldsymbol{\beta}$ 能否由 $\boldsymbol{\alpha}_1,\boldsymbol{\alpha}_2$ 线性表示.

令

$$\mathbf{A}=\begin{bmatrix}2&1&4\\3&2&7\\1&1&3\\1&2&5\end{bmatrix}$$

Matlab 求解过程如下：

```
>> A=[2 1 4;3 2 7;1 1 3;1 2 5];
>> rref(A)
```

运行结果：

```
ans =
    1    0    1
    0    1    2
    0    0    0
    0    0    0
```

由此可知 $\boldsymbol{\alpha}_1,\boldsymbol{\alpha}_2$ 为 $\boldsymbol{\alpha}_1,\boldsymbol{\alpha}_2,\boldsymbol{\beta}$ 的极大无关组，且

$$\boldsymbol{\beta}=\boldsymbol{\alpha}_1+2\boldsymbol{\alpha}_2$$

所以只要两种原料按分量(2+3+1+1)∶2(1+2+1+2)=7∶12 的比例混合就能得到新型材料.

例 3 若 n 阶方阵的第 i 行第 j 列元素为 $\frac{1}{i+j-1}$，称此矩阵为 n 阶希尔伯特矩阵，生成一个五阶希尔伯特矩阵 $\mathbf{A}$，并求矩阵 $\mathbf{A}$ 的秩.

解 ≫A=hilb(5)

运行结果：

```
A =

    1.0000    0.5000    0.3333    0.2500    0.2000
    0.5000    0.3333    0.2500    0.2000    0.1667
    0.3333    0.2500    0.2000    0.1667    0.1429
    0.2500    0.2000    0.1667    0.1429    0.1250
    0.2000    0.1667    0.1429    0.1250    0.1111
```

≫rank(A)

运行结果：

```
ans =

     5
```

自测题三

一、填空题

1. 已知向量组 $\boldsymbol{\alpha}_1=[1,2,3,4]$，$\boldsymbol{\alpha}_2=[2,3,4,5]$，$\boldsymbol{\alpha}_3=[3,4,5,6]$，$\boldsymbol{\alpha}_4=[4,5,6,7]$，则该向量组的秩为________.

2. 设向量 $\boldsymbol{\alpha}$ 满足方程 $3[1,-2,3]-3\boldsymbol{\alpha}=[2,3,-4]$，则 $\boldsymbol{\alpha}=$________.

3. 当 $c=$________时，向量组 $\boldsymbol{\alpha}_1,\boldsymbol{\alpha}_2,\boldsymbol{\alpha}_3$ 线性相关，其中 $\boldsymbol{\alpha}_1=\begin{bmatrix}c\\1\\1\end{bmatrix}$，$\boldsymbol{\alpha}_2=\begin{bmatrix}1\\c\\1\end{bmatrix}$，$\boldsymbol{\alpha}_3=\begin{bmatrix}1\\1\\c\end{bmatrix}$.

4. 若 $\boldsymbol{\alpha}_1,\boldsymbol{\alpha}_2,\boldsymbol{\alpha}_3$ 线性无关，则 $\boldsymbol{\alpha}_1+\boldsymbol{\alpha}_2,\boldsymbol{\alpha}_2+\boldsymbol{\alpha}_3,\boldsymbol{\alpha}_3+\boldsymbol{\alpha}_1$ 线性________.

5. 设 $\boldsymbol{A}=\begin{bmatrix}\boldsymbol{\alpha}_1\\\boldsymbol{\alpha}_2\\\boldsymbol{\alpha}_3\end{bmatrix}=\begin{bmatrix}1&3&0&2\\-1&1&2&-1\\3&1&-4&4\end{bmatrix}$，则行向量组 $\boldsymbol{\alpha}_1,\boldsymbol{\alpha}_2,\boldsymbol{\alpha}_3$ 的秩为________，其中极大线性无关组为________.

二、选择题

1. 下列向量组线性无关的是(　　).

(A)$\boldsymbol{\alpha}_1=[0,1]$，$\boldsymbol{\alpha}_2=[1,0]$，$\boldsymbol{\alpha}_3=[1,1]$；

(B)$\boldsymbol{\alpha}_1=[1,0,1]$，$\boldsymbol{\alpha}_2=[1,1,0]$，$\boldsymbol{\alpha}_3=[0,1,1]$；

(C)$\boldsymbol{\alpha}_1=[0,1,2]$，$\boldsymbol{\alpha}_2=[3,1,2]$，$\boldsymbol{\alpha}_3=[0,0,0]$；

(D)$\boldsymbol{\alpha}_1=[1,1,1]$，$\boldsymbol{\alpha}_2=[1,0,6]$，$\boldsymbol{\alpha}_3=[2,1,7]$.

2. 若满足(　　)，称向量组 $\boldsymbol{\alpha}_1,\boldsymbol{\alpha}_2,\cdots,\boldsymbol{\alpha}_r(t\geqslant 3)$ 线性无关.

(A)存在一组不全为零的数 $k_1,k_2,\cdots,k_t$ 使 $k_1\boldsymbol{\alpha}_1+k_2\boldsymbol{\alpha}_2+\cdots+k_t\boldsymbol{\alpha}_t\neq\boldsymbol{0}$；

(B)该向量组中任意两个向量都线性无关；

(C)该向量组中存在一个向量，它不能由其余向量线性表示；

(D)该向量组中任意一个向量都不能由其余向量线性表示.

3. 已知 $\boldsymbol{\alpha}_1,\boldsymbol{\alpha}_2,\boldsymbol{\alpha}_3$ 线性无关，设 $\boldsymbol{\beta}_1=\boldsymbol{\alpha}_1+2\boldsymbol{\alpha}_2,\boldsymbol{\beta}_2=\boldsymbol{\alpha}_2+\boldsymbol{\alpha}_3,\boldsymbol{\beta}_3=\boldsymbol{\alpha}_3+k\boldsymbol{\alpha}_1$，则 $k=$(　　)时，$\boldsymbol{\beta}_1,\boldsymbol{\beta}_2,\boldsymbol{\beta}_3$ 线性相关.

(A)2；　　(B)-2；　　(C)$\frac{1}{2}$；　　(D)$-\frac{1}{2}$.

4. 下列命题正确的是(　　)

(A)等价的向量组包含的向量个数相等；

(B)任一向量组都有极大线性无关组；

(C)向量组的任一极大线性无关组都与向量组本身等价；

(D)矩阵的行向量组与列向量组等价.

5. 已知 $\boldsymbol{Q}=\begin{bmatrix}1&2&3\\2&4&t\\3&6&9\end{bmatrix}$，$\boldsymbol{P}$ 为三阶非零矩阵，且满足 $\boldsymbol{PQ}=\boldsymbol{O}$，则(　　).

(A)$t=6$ 时，$\boldsymbol{P}$ 的秩必为 1；　　(B)$t=6$ 时，$\boldsymbol{P}$ 的秩必为 2；

(C)$t\neq6$ 时，$\boldsymbol{P}$ 的秩必为 1；　　(D)$t\neq6$ 时，$\boldsymbol{P}$ 的秩必为 2.

三、判断下列位向量组是否线性相关

1. $\boldsymbol{\alpha}_1=[2,0,2],\boldsymbol{\alpha}_2=[3,1,1],\boldsymbol{\alpha}_3=[4,2,0]$；

2. $\boldsymbol{\alpha}_1=[1,2,3,2],\boldsymbol{\alpha}_2=[0,-1,-1,2],\boldsymbol{\alpha}_3=[-1,3,2,8]$；

3. $\boldsymbol{\alpha}_1=[1,0,-2],\boldsymbol{\alpha}_2=[-3,1,-1],\boldsymbol{\alpha}_3=[2,-2,0],\boldsymbol{\alpha}_4=[3,8,9]$.

四、已知 $\boldsymbol{\alpha}_1,\boldsymbol{\alpha}_2,\boldsymbol{\alpha}_3$ 线性无关，讨论向量组 $\boldsymbol{\beta}_1=\boldsymbol{\alpha}_1-\boldsymbol{\alpha}_2+2\boldsymbol{\alpha}_3,\boldsymbol{\beta}_2=\boldsymbol{\alpha}_1-\boldsymbol{\alpha}_2+\boldsymbol{\alpha}_3,\boldsymbol{\beta}_3=t\boldsymbol{\alpha}_2+\boldsymbol{\alpha}_3$ 的线性相关性.

五、$\boldsymbol{\alpha}_1=[1+a,1,1,1]^{\mathrm{T}},\boldsymbol{\alpha}_2=[2,2+a,2,2]^{\mathrm{T}},\boldsymbol{\alpha}_3=[3,3,3+a,3]^{\mathrm{T}},\boldsymbol{\alpha}_4=[4,4,4,4+a]^{\mathrm{T}}$

1. 问 a 为何值时 $\boldsymbol{\alpha}_1,\boldsymbol{\alpha}_2,\boldsymbol{\alpha}_3,\boldsymbol{\alpha}_4$ 线性相关.

2. 当 $\boldsymbol{\alpha}_1,\boldsymbol{\alpha}_2,\boldsymbol{\alpha}_3,\boldsymbol{\alpha}_4$ 线性相关时，求秩和一个极大无关组，并将其余向量用该极大线性无关组表示.

六、记 $\mathbf{R}[x]$表示实数域 $\mathbf{R}$ 上的关于 x 的一元多项式的全体. 证明：

1. $1,x,x^2,\cdots,x^n$ 是 $\mathbf{R}[x]$中的线性无关组；

2. 若 $f(x)\in\mathbf{R}[x]$，且 $f(x)$的次数小于等于 n，则 $1,x,x^2,\cdots,x^n,f(x)$是线性相关组.

七、设 $\boldsymbol{\alpha}_1,\boldsymbol{\alpha}_2,\cdots,\boldsymbol{\alpha}_n$ 是一组 n 维向量，证明：$\boldsymbol{\alpha}_1,\boldsymbol{\alpha}_2,\cdots,\boldsymbol{\alpha}_n$ 线性无关的充分必要条件是任一 n 维向量都可由它们线性表示.

八、证明：向量组 $\boldsymbol{\alpha}_1=[1,2,1],\boldsymbol{\alpha}_2=[0,3,2]$与 $\boldsymbol{\beta}_1=[-1,1,1],\boldsymbol{\beta}_2=[2,1,0]$等价.

九、设三阶方阵 $\boldsymbol{A}=[\boldsymbol{\alpha}_1,\boldsymbol{\alpha}_2,\boldsymbol{\alpha}_3]$的列向量组线性无关，且 $\boldsymbol{A\alpha}_1=\boldsymbol{\alpha}_1+2\boldsymbol{\alpha}_2+\boldsymbol{\alpha}_3,\boldsymbol{A\alpha}_2=\boldsymbol{\alpha}_1+\boldsymbol{\alpha}_2,\boldsymbol{A\alpha}_3=\boldsymbol{\alpha}_2+2\boldsymbol{\alpha}_3$，求$|\boldsymbol{A}|$.

十、设向量组 $\boldsymbol{\alpha}_1,\boldsymbol{\alpha}_2,\cdots,\boldsymbol{\alpha}_s$ 线性无关，$\boldsymbol{\alpha}_1,\boldsymbol{\alpha}_2,\cdots,\boldsymbol{\alpha}_s,\boldsymbol{\beta},\boldsymbol{\gamma}$ 线性相关，且 $\boldsymbol{\beta}$ 与 $\boldsymbol{\gamma}$ 都不能由 $\boldsymbol{\alpha}_1,\boldsymbol{\alpha}_2,\cdots,\boldsymbol{\alpha}_s$ 线性表示. 证明：$\boldsymbol{\alpha}_1,\boldsymbol{\alpha}_2,\cdots,\boldsymbol{\alpha}_s,\boldsymbol{\beta}$ 与 $\boldsymbol{\alpha}_1,\boldsymbol{\alpha}_2,\cdots,\boldsymbol{\alpha}_s,\boldsymbol{\gamma}$ 等价.

十一、$\boldsymbol{A}$ 为 n 阶矩阵，$\boldsymbol{\alpha}$ 为 n 维列向量，$\boldsymbol{A}^{m-1}\boldsymbol{\alpha}\neq\mathbf{0},\boldsymbol{A}^m\boldsymbol{\alpha}=\mathbf{0}$，证明：$\boldsymbol{\alpha},\boldsymbol{A\alpha},\cdots,\boldsymbol{A}^{m-1}\boldsymbol{\alpha}$ 线性无关.

十二、已知 $\boldsymbol{\alpha}_1=[1,2,0]^{\mathrm{T}}$，$\boldsymbol{\alpha}_2=[1,a+2,-3a]^{\mathrm{T}}$，$\boldsymbol{\alpha}_3=[-1,-b-2,a+2b]^{\mathrm{T}}$，$\boldsymbol{\beta}=[1,3,-3]^{\mathrm{T}}$，

试讨论当 a,b 为何值时，

1. $\boldsymbol{\beta}$ 不能由 $\boldsymbol{\alpha}_1,\boldsymbol{\alpha}_2,\boldsymbol{\alpha}_3$ 线性表示；
2. $\boldsymbol{\beta}$ 可由 $\boldsymbol{\alpha}_1,\boldsymbol{\alpha}_2,\boldsymbol{\alpha}_3$ 唯一地线性表示；
3. $\boldsymbol{\beta}$ 可由 $\boldsymbol{\alpha}_1,\boldsymbol{\alpha}_2,\boldsymbol{\alpha}_3$ 线性表示，但表达式不唯一，并求出表达式.

Chapter 4 第 4 章

线性方程组

System of Linear Equations

线性方程组的求解是一个很古老的问题，我国汉代名著《九章算术》已提出"直除法". 近年来，随着计算机技术的发展，许多复杂的实际问题都可以归结为求解线性方程组.

本书前面几章对线性方程组的问题有过一些研究，并得到了一些有用的结论. 例如，第 1 章对未知数个数和方程个数相等的线性方程组进行了研究，指出当系数行列式不为零时，方程组有唯一解并给出了求解方法；第 2 章将这类方程组表达为矩阵方程的形式并通过求解矩阵方程来求解线性方程组；第 3 章揭示了向量组线性相关性与方程组解的关系.

本章在以上研究的基础上，进一步系统地对线性方程组进行研究，包括线性方程组解的判定、解的性质、结构及具体的求解方法.

4.1 齐次线性方程组

齐次线性方程组的一般形式为

$$\begin{cases} a_{11}x_1+a_{12}x_2+\cdots+a_{1n}x_n=0 \\ a_{21}x_1+a_{22}x_2+\cdots+a_{2n}x_n=0 \\ \cdots\cdots \\ a_{m1}x_1+a_{m2}x_2+\cdots+a_{mn}x_n=0 \end{cases} \tag{4.1}$$

它的矩阵形式为 $\boldsymbol{AX}=\boldsymbol{0}$

其中，
$$\boldsymbol{A}=\begin{bmatrix} a_{11} & a_{12} & \cdots & a_{1n} \\ a_{21} & a_{22} & \cdots & a_{2n} \\ \vdots & \vdots & & \vdots \\ a_{m1} & a_{m2} & \cdots & a_{mn} \end{bmatrix},\boldsymbol{X}=\begin{bmatrix} x_1 \\ x_2 \\ \vdots \\ x_n \end{bmatrix},\ \boldsymbol{0}=\begin{bmatrix} 0 \\ 0 \\ \vdots \\ 0 \end{bmatrix}.$$

显然，$\boldsymbol{X}=[0,0,\cdots,0]^{\mathrm{T}}$ 一定是齐次方程组(4.1)的解，称为零解.

我们关心的是：除了零解，它还有没有其他的解？确切地说，是要研究齐次线性方程组在什么条件下有非零解？当方程组有非零解时，如何求出所有解？

4.1.1 齐次线性方程组解的判定

齐次线性方程组有非零解的已有结论是：

(1)当 $m=n$ 时，齐次线性方程组 $\boldsymbol{AX}=\boldsymbol{0}$ 有非零解的充要条件是 $|\boldsymbol{A}|=0$；

(2)齐次线性方程组 $\boldsymbol{AX}=\boldsymbol{0}$ 有非零解的充要条件是 $\boldsymbol{A}$ 的列向量组线性相关.

将结论 2 结合矩阵 $\boldsymbol{A}$ 的秩来描述，即可得到齐次线性方程组(4.1)的解的判定定理：

定理 1

齐次线性方程组(4.1)有非零解的充要条件是 $R(\boldsymbol{A})<n$；

齐次线性方程组(4.1)只有零解的充要条件是 $R(\boldsymbol{A})=n$.

4.1.2 齐次线性方程组的解空间

若 $\boldsymbol{AX}=\boldsymbol{0}$ 有非零解，这些非零解具有哪些性质呢？解集合的结构又是如何？齐次线性方程组的解有两个重要性质：

性质 1 若 $\boldsymbol{\xi}_1$、$\boldsymbol{\xi}_2$ 为齐次线性方程组 $\boldsymbol{AX}=\boldsymbol{0}$ 的解，则 $\boldsymbol{\xi}_1+\boldsymbol{\xi}_2$ 也是 $\boldsymbol{AX}=\boldsymbol{0}$ 的解.

这是因为，$\boldsymbol{A}(\boldsymbol{\xi}_1+\boldsymbol{\xi}_2)=\boldsymbol{A\xi}_1+\boldsymbol{A\xi}_2=\boldsymbol{0}+\boldsymbol{0}=\boldsymbol{0}$.

性质 2 若 $\boldsymbol{\xi}$ 为齐次线性方程组 $\boldsymbol{AX}=\boldsymbol{0}$ 的解，k 为实数，则 $k\boldsymbol{\xi}$ 也是 $\boldsymbol{AX}=\boldsymbol{0}$ 的解.

这是因为，$\boldsymbol{A}(k\boldsymbol{\xi})=k\boldsymbol{A\xi}=k\boldsymbol{0}=\boldsymbol{0}$.

由此可见，若 $\boldsymbol{AX}=\boldsymbol{0}$ 有非零解，那么这些解的任意线性组合仍是解. 因此，若 $\boldsymbol{AX}=\boldsymbol{0}$ 有非零解则必有无穷多解.

显然，这个解集合满足向量空间的定义，也就是说，齐次线性方程组 $\boldsymbol{AX}=\boldsymbol{0}$ 的全体解向量构成一个向量空间，称为 $\boldsymbol{AX}=\boldsymbol{0}$ 的解空间.

4.1.3 齐次线性方程组的基础解系

既然齐次线性方程组的全体解向量构成一个解空间. 根据第 3 章 3.6 节的内容可知，只要找到这个解空间的一组基，即最大线性无关组，则该解空间的每个解就可以由这个最大线性无关组线性表示. 通常称这个最大线性无关组为齐次线性方程组的基础解系，即

定义 1 $\boldsymbol{\xi}_1,\boldsymbol{\xi}_2,\cdots,\boldsymbol{\xi}_t$ 称为齐次线性方程组 $\boldsymbol{AX}=\boldsymbol{0}$ 的基础解系，如果

(1)$\boldsymbol{\xi}_1,\boldsymbol{\xi}_2,\cdots,\boldsymbol{\xi}_t$ 是 $\boldsymbol{AX}=\boldsymbol{0}$ 的一组线性无关的解；

(2)$\boldsymbol{AX}=\boldsymbol{0}$ 的任一解都可由 $\boldsymbol{\xi}_1,\boldsymbol{\xi}_2,\cdots,\boldsymbol{\xi}_t$ 线性表示.

当向量组 $\boldsymbol{\xi}_1,\boldsymbol{\xi}_2,\cdots,\boldsymbol{\xi}_t$ 是 $\boldsymbol{AX}=\boldsymbol{0}$ 的一组基础解系时，它的线性组合

$$k_1\boldsymbol{\xi}_1+k_2\boldsymbol{\xi}_2+\cdots+k_t\boldsymbol{\xi}_t\ (k_1,k_2,\cdots,k_t\ \text{为任意常数})$$

就称为齐次线性方程组 $\boldsymbol{AX}=\boldsymbol{0}$ 的一般解或通解，即齐次线性方程组的无穷多组解可用基础解系的有限组解表示出来.

由此可见，求解齐次线性方程组的关键就是要求其基础解系.

下面我们介绍基础解系的一种求法，并得到一些有用的结论.

设齐次线性方程组的系数矩阵 $\boldsymbol{A}$ 的秩为 r，不妨设 $\boldsymbol{A}$ 的左上角 r 阶子式 $D_r\neq 0$. 于是，$\boldsymbol{A}$ 的行最简形为

$$A\to\begin{bmatrix}1&\cdots&0&b_{11}&\cdots&b_{1,n-r}\\ \vdots&&\vdots&\vdots&&\vdots\\ 0&\cdots&1&b_{r1}&\cdots&b_{r,n-r}\\ 0&\cdots&0&0&\cdots&0\\ \vdots&&\vdots&\vdots&&\vdots\\ 0&\cdots&0&0&\cdots&0\end{bmatrix}\triangleq\begin{bmatrix}\boldsymbol{E}_r&\boldsymbol{B}\\ \boldsymbol{O}&\boldsymbol{O}\end{bmatrix}$$

因此，$\boldsymbol{A}$ 的前 r 个行向量线性无关，且任意 $r+1$ 个行向量线性相关，所以齐次线性方程组(4.1)中的前 r 个方程(4.2)与(4.1)同解.

$$\begin{cases}x_1=-b_{11}x_{r+1}-b_{12}x_{r+2}-\cdots-b_{1,n-r}x_n\\ \qquad\cdots\cdots\\ x_r=-b_{r1}x_{r+1}-b_{r2}x_{r+2}-\cdots-b_{r,n-r}x_n\end{cases}\tag{4.2}$$

称 $x_{r+1},x_{r+2},\cdots,x_n$ 为方程组(4.2)的自由未知量.任给自由未知量 $x_{r+1},x_{r+2},\cdots,x_n$ 一组值，就可以唯一确定 $x_1,x_2,\cdots,x_r$ 的值，即得到方程组(4.2)的一个解，也就是方程组(4.1)的解.现令 $x_{r+1},x_{r+2},\cdots,x_n$ 为下列 $n-r$ 组数：

$$\begin{bmatrix}x_{r+1}\\ x_{r+2}\\ \vdots\\ x_n\end{bmatrix}=\begin{bmatrix}1\\0\\ \vdots\\0\end{bmatrix},\begin{bmatrix}0\\1\\ \vdots\\0\end{bmatrix},\cdots,\begin{bmatrix}0\\0\\ \vdots\\1\end{bmatrix}$$

由方程组(4.2)依次解得：

$$\begin{bmatrix}x_1\\ x_2\\ \vdots\\ x_r\end{bmatrix}=\begin{bmatrix}-b_{11}\\-b_{21}\\ \vdots\\-b_{r1}\end{bmatrix},\begin{bmatrix}-b_{12}\\-b_{22}\\ \vdots\\-b_{r2}\end{bmatrix},\cdots,\begin{bmatrix}-b_{1,n-r}\\-b_{2,n-r}\\ \vdots\\-b_{r,n-r}\end{bmatrix}$$

于是，求得方程组(4.2)和(4.1)的 $n-r$ 个解就可以表示为：

$$\boldsymbol{\xi}_1=\begin{bmatrix}-b_{11}\\-b_{21}\\ \vdots\\-b_{r1}\\1\\0\\ \vdots\\0\end{bmatrix},\boldsymbol{\xi}_2=\begin{bmatrix}-b_{12}\\-b_{22}\\ \vdots\\-b_{r2}\\0\\1\\ \vdots\\0\end{bmatrix},\cdots,\boldsymbol{\xi}_{n-r}=\begin{bmatrix}-b_{1,n-r}\\-b_{2,n-r}\\ \vdots\\-b_{r,n-r}\\0\\0\\ \vdots\\1\end{bmatrix}$$

下面我们证明 $\boldsymbol{\xi}_1,\boldsymbol{\xi}_2,\cdots,\boldsymbol{\xi}_{n-r}$ 即为所求方程组(4.1)的一个基础解系.

首先，由于 $(x_{r+1},x_{r+2},\cdots,x_n)^{\mathrm{T}}$ 所取的 $n-r$ 个 $n-r$ 维向量，

$$\begin{bmatrix} x_{r+1} \\ x_{r+2} \\ \vdots \\ x_n \end{bmatrix} = \begin{bmatrix} 1 \\ 0 \\ \vdots \\ 0 \end{bmatrix}, \begin{bmatrix} 0 \\ 1 \\ \vdots \\ 0 \end{bmatrix}, \cdots, \begin{bmatrix} 0 \\ 0 \\ \vdots \\ 1 \end{bmatrix}$$

线性无关，所以在每个向量前面添加 r 个分量而得到的 $n-r$ 个 n 维向量 $\boldsymbol{\xi}_1,\boldsymbol{\xi}_2,\cdots,\boldsymbol{\xi}_{n-r}$ 也线性无关.

其次，证明方程组(4.1)的任一解

$$\boldsymbol{X}=\boldsymbol{\xi}=\begin{bmatrix} \lambda_1 \\ \vdots \\ \lambda_r \\ \lambda_{r+1} \\ \lambda_{r+2} \\ \vdots \\ \lambda_n \end{bmatrix}$$

都可以由 $\boldsymbol{\xi}_1,\boldsymbol{\xi}_2,\cdots,\boldsymbol{\xi}_{n-r}$ 线性表示. 为此，作向量

$$\boldsymbol{\eta}=\lambda_{r+1}\boldsymbol{\xi}_1+\lambda_{r+2}\boldsymbol{\xi}_2+\cdots+\lambda_n\boldsymbol{\xi}_{n-r}$$

由于 $\boldsymbol{\xi}_1,\boldsymbol{\xi}_2,\cdots,\boldsymbol{\xi}_{n-r}$ 是方程组(4.1)的解，故 $\boldsymbol{\eta}$ 也是方程组(4.1)的解.

比较 $\boldsymbol{\eta}$ 和 $\boldsymbol{\xi}$ 可知，它们的后面 $n-r$ 个分量对应相等，由于它们都满足方程组(4.2)，从而它们的前 r 个分量必对应相等(方程组(4.2)表明任一解的前 r 个分量由后 $n-r$ 个分量唯一确定)，因此 $\boldsymbol{\xi}=\boldsymbol{\eta}$，即

$$\boldsymbol{\xi}=\boldsymbol{\eta}=\lambda_{r+1}\boldsymbol{\xi}_1+\lambda_{r+2}\boldsymbol{\xi}_2+\cdots+\lambda_n\boldsymbol{\xi}_{n-r}$$

综上所述，$\boldsymbol{\xi}_1,\boldsymbol{\xi}_2,\cdots,\boldsymbol{\xi}_{n-r}$ 即为齐次方程组(4.1)的一组基础解系.

它的通解为

$$k_1\boldsymbol{\xi}_1+k_2\boldsymbol{\xi}_2+\cdots+k_{n-r}\boldsymbol{\xi}_{n-r}(k_1,k_2,\cdots,k_{n-r}\text{为任意常数})$$

从上面基础解系的解法可以看出，一般来说，齐次线性方程组(4.1)的基础解系是不唯一的. 例如，$[x_{r+1},x_{r+2},\cdots,x_n]^{\mathrm{T}}$ 可任取 $n-r$ 个线性无关的 $n-r$ 维向量，由此即可对应地求得一组基础解系. 又如方程组(4.1)的任何 $n-r$ 个线性无关的解向量，都可以作为一组基础解系.

需要指出的是，尽管方程组(4.1)的基础解系并不唯一，但基础解系所包含的解向量的个数，即解空间的维数是确定的，为 $n-r$(其中，n 为未知数的个数，而 r 为系数矩阵 $\boldsymbol{A}$ 的秩). 将以上内容概括为如下定理：

定理 2　n 元齐次线性方程组 $\boldsymbol{A}_{m\times n}\boldsymbol{X}=\boldsymbol{0}$ 的全体解所构成的集合构成解空间.

当系数矩阵的秩为 r 时，解空间的维数为 $n-r$.

当 $R(\boldsymbol{A})=n$ 时，线性方程组只有零解，故没有基础解系(此时解空间只含有零向量，称为零维向量空间)；

当 $R(\mathbf{A})<n$ 时，线性方程组必有含 $n-r$ 个向量的基础解系 $\boldsymbol{\xi}_1,\boldsymbol{\xi}_2,\cdots,\boldsymbol{\xi}_{n-r}$，此时线性方程组的解可以表示为 $\mathbf{X}=k_1\boldsymbol{\xi}_1+k_2\boldsymbol{\xi}_2+\cdots+k_{n-r}\boldsymbol{\xi}_{n-r}$，其中 $k_1,k_2,\cdots,k_{n-r}$ 为任意实数.

解空间可以表示为

$$\mathbf{S}=\{\mathbf{X}\mid \mathbf{X}=k_1\boldsymbol{\xi}_1+k_2\boldsymbol{\xi}_2+\cdots+k_{n-r}\boldsymbol{\xi}_{n-r},k_1,k_2,\cdots,k_{n-r}\in\mathbf{R}\}$$

例 1 求解方程组

$$\begin{cases}x_1+2x_2+2x_3+x_4=0\\2x_1+x_2-2x_3-2x_4=0\\x_1-x_2-4x_3-3x_4=0\end{cases}$$

解 对系数矩阵施行初等行变换化为最简形式

$$\mathbf{A}=\begin{bmatrix}1&2&2&1\\2&1&-2&-2\\1&-1&-4&-3\end{bmatrix}\to\begin{bmatrix}1&2&2&1\\0&-3&-6&-4\\0&-3&-6&-4\end{bmatrix}$$

$$\to\begin{bmatrix}1&2&2&1\\0&1&2&\frac{4}{3}\\0&0&0&0\end{bmatrix}\to\begin{bmatrix}1&0&-2&-\frac{5}{3}\\0&1&2&\frac{4}{3}\\0&0&0&0\end{bmatrix}$$

即得同解方程组

$$\begin{cases}x_1-2x_3-\frac{5}{3}x_4=0\\x_2+2x_3+\frac{4}{3}x_4=0\end{cases}$$

即得 $\begin{cases}x_1=2x_3+\frac{5}{3}x_4\\x_2=-2x_3-\frac{4}{3}x_4\end{cases}$，

取 x_3,x_4 为自由未知量，并依次赋值为 1，0 和 0，1，可得到一组基础解系为

$$\boldsymbol{\xi}_1=[2,-2,1,0]^{\mathrm{T}},\boldsymbol{\xi}_2=[\frac{5}{3},-\frac{4}{3},0,1]^{\mathrm{T}}$$

所求方程组的通解为

$$\mathbf{X}=k_1\boldsymbol{\xi}_1+k_2\boldsymbol{\xi}_2=k_1\begin{bmatrix}2\\-2\\1\\0\end{bmatrix}+k_2\begin{bmatrix}\frac{5}{3}\\-\frac{4}{3}\\0\\1\end{bmatrix}$$

其中 k_1,k_2 为任意实数.

注意,在给自由未知量赋值时,可以选取合适的数值以保证解向量的分量都是整数.例如,取 x_3,x_4 为自由未知量,并依次赋值为 1,0 和 0,3,可得到一组基础解系为

$$\boldsymbol{\eta}_1=[2,-2,1,0]^{\mathrm{T}},\boldsymbol{\eta}_2=[5,-4,0,3]^{\mathrm{T}}.$$

所求方程组的通解为

$$\boldsymbol{X}=k_1\boldsymbol{\eta}_1+k_2\boldsymbol{\eta}_2=k_1\begin{bmatrix}2\\-2\\1\\0\end{bmatrix}+k_2\begin{bmatrix}5\\-4\\0\\3\end{bmatrix}$$

其中 k_1,k_2 为任意实数.

例 2 求解方程组

$$\begin{cases}x_1-x_2-x_3+x_4=0\\x_1-x_2+x_3-3x_4=0\\x_1-x_2-2x_3+3x_4=0\end{cases}$$

解 对系数矩阵施行初等行变换化为最简形式

$$\boldsymbol{A}=\begin{bmatrix}1&-1&-1&1\\1&-1&1&-3\\1&-1&-2&3\end{bmatrix}\to\begin{bmatrix}1&-1&-1&1\\0&0&2&-4\\0&0&-1&2\end{bmatrix}\to\begin{bmatrix}1&-1&0&-1\\0&0&1&-2\\0&0&0&0\end{bmatrix}$$

即得同解方程组

$$\begin{cases}x_1-x_2-x_4=0\\x_3-2x_4=0\end{cases}$$

即得 $\begin{cases}x_1=x_2+x_4\\x_3=\quad 2x_4\end{cases}$,

取 x_2,x_4 为自由未知量,并依次赋值为 1,0 和 0,1,可得到一组基础解系为

$$\boldsymbol{\xi}_1=[1,1,0,0]^{\mathrm{T}},\boldsymbol{\xi}_2=[1,0,2,1]^{\mathrm{T}}.$$

所求方程组的通解为

$$X=k_1\boldsymbol{\xi}_1+k_2\boldsymbol{\xi}_2=k_1\begin{bmatrix}1\\1\\0\\0\end{bmatrix}+k_2\begin{bmatrix}1\\0\\2\\1\end{bmatrix}$$

其中 k_1,k_2 为任意实数.

□ 习题 4.1

1. 求下列齐次线性方程组的通解和基础解系.

(1) $\begin{cases}2x_1-4x_2+5x_3+3x_4=0\\3x_1-6x_2+4x_3+2x_4=0\\4x_1-8x_2+17x_3+11x_4=0\end{cases}$；

(2) $\begin{cases}x_1-x_3+x_5=0\\x_2-x_4+x_6=0\\x_1-x_2+x_5-x_6=0\\x_2-x_3+x_5=0\\x_1-x_4+x_5=0\end{cases}$；

(3) $\begin{cases}x_1+x_2+2x_3-x_4=0\\2x_1+x_2+x_3-x_4=0\\2x_1+2x_2+x_3+2x_4=0\end{cases}$；

(4) $\begin{cases}x_1+2x_2+x_3-x_4=0\\3x_1+6x_2-x_3-3x_4=0\\5x_1+10x_2+x_3-5x_4=0\end{cases}$；

(5) $\begin{cases}2x_1+3x_2-x_3+5x_4=0\\3x_1+x_2+2x_3-7x_4=0\\4x_1+x_2-3x_3+6x_4=0\\x_1-2x_2+4x_3-7x_4=0\end{cases}$；

(6) $\begin{cases}3x_1+4x_2-5x_3+7x_4=0\\2x_1-3x_2+3x_3-2x_4=0\\4x_1+11x_2-13x_3+16x_4=0\\7x_1-2x_2+x_3+3x_4=0\end{cases}$.

2. 假设齐次线性方程组 $\begin{cases}a_{11}x_1+\cdots+a_{1n}x_n=0\\ \cdots\cdots\\ a_{n1}x_1+\cdots+a_{nn}x_n=0\end{cases}$ 的系数矩阵的行列式 $\det\boldsymbol{A}=0$，A_{ij} 是 $\boldsymbol{A}$ 中元素 a_{ij} 的代数余子式，试证 $x_1=A_{i1},\cdots,x_n=A_{in}$ 是它的一个解. 如果 $\boldsymbol{A}$ 的秩是 $n-1$，并且某 $A_{ij}\neq 0$，那么方程组的全部解是 $x_1=kA_{i1},\cdots,x_n=kA_{in}$，这里 k 是任意实数.

3. 假如 $\boldsymbol{\alpha}_1,\boldsymbol{\alpha}_2,\boldsymbol{\alpha}_3$ 是某齐次线性方程组的基础解系，问 $\boldsymbol{\alpha}_1+\boldsymbol{\alpha}_2,\boldsymbol{\alpha}_2+\boldsymbol{\alpha}_3,\boldsymbol{\alpha}_3+\boldsymbol{\alpha}_1$ 是不是它的基础解系？

4. 已知矩阵 $\begin{bmatrix}1&-2&1&0&0\\1&-2&0&1&0\\0&0&1&-1&0\\1&-2&3&-2&0\end{bmatrix}$ 的各行向量都是齐次线性方程组

$$\begin{cases}x_1+x_2+x_3+x_4+x_5=0\\3x_1+2x_2+x_3+x_4-3x_5=0\\x_2+2x_3+2x_4+6x_5=0\\5x_1+4x_2+3x_3+3x_4-x_5=0\end{cases}$$

的解向量，问这 4 个行向量能否构成基础解系？假如不能，这 4 个行向量多了，还是少了？假如多了，如何去掉？假如少了，如何补充？

5. 假设线性方程组 $\begin{cases}a_{11}x_1+\cdots+a_{1n}x_n=0\\ \cdots\cdots\\ a_{m1}x_1+\cdots+a_{mn}x_n=0\end{cases}$ 的解都是 $b_1x_1+\cdots+b_nx_n=0$ 的解，试证 $\boldsymbol{\beta}=[b_1,b_2,\cdots,b_n]$ 是 $\boldsymbol{\alpha}_1=[a_{11},a_{12},\cdots,a_{1n}],\cdots,\boldsymbol{\alpha}_m=[a_{m1},a_{m2},\cdots,a_{mn}]$ 的线性组合.

4.2 非齐次线性方程组

非齐次线性方程组的一般形式为

$$\begin{cases} a_{11}x_1+a_{12}x_2+\cdots+a_{1n}x_n=b_1 \\ a_{21}x_1+a_{22}x_2+\cdots+a_{2n}x_n=b_2 \\ \cdots\cdots \\ a_{m1}x_1+a_{m2}x_2+\cdots+a_{mn}x_n=b_m \end{cases} \tag{4.3}$$

它的矩阵形式为

$$\boldsymbol{AX}=\boldsymbol{b},$$

其中，$\boldsymbol{A}=\begin{bmatrix} a_{11} & a_{12} & \cdots & a_{1n} \\ a_{21} & a_{22} & \cdots & a_{2n} \\ \vdots & \vdots & & \vdots \\ a_{m1} & a_{m2} & \cdots & a_{mn} \end{bmatrix}$是方程组(4.3)的系数矩阵，$\boldsymbol{X}=\begin{bmatrix} x_1 \\ x_2 \\ \vdots \\ x_n \end{bmatrix}$，$\boldsymbol{b}=\begin{bmatrix} b_1 \\ b_2 \\ \vdots \\ b_m \end{bmatrix}$.
通常表示为 $\boldsymbol{X}=[x_1,x_2,\cdots,x_n]^{\mathrm{T}}$，$\boldsymbol{b}=[b_1,b_2,\cdots,b_m]^{\mathrm{T}}$.

方程组(4.3)有解，称为方程组是相容的；若无解，称为是不相容的.

对非齐次线性方程组讨论的问题是：它何时有解？其次才是有解时如何求所有解.

4.2.1 非齐次线性方程组有解的条件

对方程组的系数矩阵 $\boldsymbol{A}$ 按列分块，记作 $\boldsymbol{A}=[\boldsymbol{\alpha}_1,\boldsymbol{\alpha}_2,\cdots,\boldsymbol{\alpha}_n]$，则方程组(4.3)可以写成向量形式

$$x_1\boldsymbol{\alpha}_1+x_2\boldsymbol{\alpha}_2+\cdots+x_n\boldsymbol{\alpha}_n=\boldsymbol{b}$$

显然下面四种说法是等价的：

(1)方程组(4.3)有解；

(2)向量 $\boldsymbol{b}$ 可由向量组 $\boldsymbol{\alpha}_1,\boldsymbol{\alpha}_2,\cdots,\boldsymbol{\alpha}_n$ 线性表示；

(3)向量组 $\boldsymbol{\alpha}_1,\boldsymbol{\alpha}_2,\cdots,\boldsymbol{\alpha}_n$ 与向量组 $\boldsymbol{\alpha}_1,\boldsymbol{\alpha}_2,\cdots,\boldsymbol{\alpha}_n,\boldsymbol{b}$ 等价；

(4)矩阵 $\boldsymbol{A}=[\boldsymbol{\alpha}_1,\boldsymbol{\alpha}_2,\cdots,\boldsymbol{\alpha}_n]$与矩阵 $\overline{\boldsymbol{A}}=[\boldsymbol{\alpha}_1,\boldsymbol{\alpha}_2,\cdots,\boldsymbol{\alpha}_n,\boldsymbol{b}]$的秩相等.

其中，$\boldsymbol{A}$ 称为方程组(4.3)的系数矩阵，而 $\overline{\boldsymbol{A}}=[\boldsymbol{A},\boldsymbol{b}]$称为增广矩阵，于是我们得到了非齐次线性方程组(4.3)的解的判定定理：

定理 1 非齐次线性方程组(4.3)有解的充要条件是它的系数矩阵 $\boldsymbol{A}$ 的秩与它增广矩阵 $\overline{\boldsymbol{A}}$ 的秩相等，即 $R(\boldsymbol{A})=R(\overline{\boldsymbol{A}})=R(\boldsymbol{A},\boldsymbol{b})$.

4.2.2 非齐次线性方程组解的结构

下面来研究方程组(4.3)的解的性质.

如果常数项 $\boldsymbol{b}=\boldsymbol{0}$，就得到齐次线性方程组(4.1)，称齐次线性方程组(4.1)为非齐次线性方程组(4.3)的导出组，或对应的齐次方程组.

方程组(4.3)的解与它的导出组(4.1)的解之间有着密切的关系,即

性质1 设$\boldsymbol{\xi}_1,\boldsymbol{\xi}_2$是$\boldsymbol{AX}=\boldsymbol{b}$的任意两个解,则$\boldsymbol{\xi}=\boldsymbol{\xi}_1-\boldsymbol{\xi}_2$是它的导出组$\boldsymbol{AX}=\boldsymbol{0}$的解.

这是因为,$\boldsymbol{A\xi}=\boldsymbol{A}(\boldsymbol{\xi}_1-\boldsymbol{\xi}_2)=\boldsymbol{A\xi}_1-\boldsymbol{A\xi}_2=\boldsymbol{b}-\boldsymbol{b}=\boldsymbol{0}$.

性质2 $\boldsymbol{AX}=\boldsymbol{b}$的某个解$\boldsymbol{\eta}$与$\boldsymbol{AX}=\boldsymbol{0}$的任一解之和仍是$\boldsymbol{AX}=\boldsymbol{b}$的解.

这是因为,$\boldsymbol{A}(\boldsymbol{\xi}+\boldsymbol{\eta})=\boldsymbol{A\xi}+\boldsymbol{A\eta}=\boldsymbol{0}+\boldsymbol{b}=\boldsymbol{b}$.

根据这两条性质,我们可以得到非齐次线性方程组解的结构定理.

定理2 对非齐次线性方程组$\boldsymbol{AX}=\boldsymbol{b}$,若$R(\boldsymbol{A})=R(\overline{\boldsymbol{A}})=r$,$\boldsymbol{\xi}_1,\boldsymbol{\xi}_2,\cdots,\boldsymbol{\xi}_{n-r}$是其导出组$\boldsymbol{AX}=\boldsymbol{0}$的基础解系,$\boldsymbol{\eta}^*$是非齐次线性方程组$\boldsymbol{AX}=\boldsymbol{b}$的特解,则$\boldsymbol{AX}=\boldsymbol{b}$的通解为

$$\boldsymbol{X}=k_1\boldsymbol{\xi}_1+k_2\boldsymbol{\xi}_2+\cdots k_{n-r}\boldsymbol{\xi}_{n-r}+\boldsymbol{\eta}^*,\text{其中 } k_1,k_2,\cdots,k_{n-r}\text{为任意实数.}$$

总结以上定理可知:

(1)当$R(\boldsymbol{A})\neq R(\overline{\boldsymbol{A}})$时,非齐次线性方程组无解.

(2)当$R(\boldsymbol{A})=R(\overline{\boldsymbol{A}})$时,非齐次线性方程组有解:

① 当$R(\boldsymbol{A})=R(\overline{\boldsymbol{A}})=n$时,有唯一解;

② 当$R(\boldsymbol{A})=R(\overline{\boldsymbol{A}})=r<n$时,有无穷多解.

求非齐次线性方程组的通解的问题,就化为求该方程组的任意一个特解和对应的齐次线性方程组的通解或基础解系的问题.

为计算简便,通常是将所有自由未知量赋值为0来求非齐次方程组的一个特解.

例1 求解方程组
$$\begin{cases}x_2-x_2-x_3+x_4=0\\x_1-x_2+x_3-3x_4=1\\x_1-x_2-2x_3+3x_4=-\dfrac{1}{2}\end{cases}$$

解 对增广矩阵$\overline{\boldsymbol{A}}$施行初等行变换化为最简形式

$$\overline{\boldsymbol{A}}=\begin{bmatrix}1&-1&-1&1&0\\1&-1&1&-3&1\\1&-1&-2&3&-\dfrac{1}{2}\end{bmatrix}\rightarrow\begin{bmatrix}1&-1&-1&1&0\\0&0&2&-4&1\\0&0&-1&2&-\dfrac{1}{2}\end{bmatrix}$$

$$\rightarrow\begin{bmatrix}1&-1&0&-1&\dfrac{1}{2}\\0&0&1&-2&\dfrac{1}{2}\\0&0&0&0&0\end{bmatrix}$$

由$R(\boldsymbol{A})=R(\overline{\boldsymbol{A}})=2<4$得,原方程组有无穷多解,并有

$$\begin{cases}x_1=x_2+x_4+\dfrac{1}{2}\\x_3=\qquad 2x_4+\dfrac{1}{2}\end{cases}$$

取 x_2,x_4 为自由未知量,并依次赋值为 1,0 和 0,1,可得到对应的齐次方程组的一组基础解系为

$$\boldsymbol{\xi}_1=[1,1,0,0]^{\mathrm{T}},\boldsymbol{\xi}_2=[1,0,2,1]^{\mathrm{T}}.$$

赋值为 0,0,即令 $x_2=0,x_4=0$,可得到非齐次方程组的一个特解

$$\boldsymbol{\eta}=\left[\frac{1}{2},0,\frac{1}{2},0\right]^{\mathrm{T}}$$

故所求方程组的通解为

$$\boldsymbol{X}=k_1\boldsymbol{\xi}_1+k_2\boldsymbol{\xi}_2+\boldsymbol{\eta}=k_1\begin{bmatrix}1\\1\\0\\0\end{bmatrix}+k_2\begin{bmatrix}1\\0\\2\\1\end{bmatrix}+\begin{bmatrix}\frac{1}{2}\\0\\\frac{1}{2}\\0\end{bmatrix}$$

其中 k_1,k_2 为任意实数.

例 2 求解方程组

$$\begin{cases}x_1+x_2-3x_3-x_4=1\\3x_1-x_2-3x_3+4x_4=4\\x_1+5x_2-9x_3-8x_4=0\end{cases}$$

解 对增广矩阵 $\overline{\boldsymbol{A}}$ 施行初等行变换化为最简形式

$$\overline{\boldsymbol{A}}=\begin{bmatrix}1&1&-3&-1&1\\3&-1&-3&4&4\\1&5&-9&-8&0\end{bmatrix}\to\begin{bmatrix}1&1&-3&-1&1\\0&-4&6&7&1\\0&4&-6&-7&-1\end{bmatrix}$$

$$\to\begin{bmatrix}1&0&-\frac{3}{2}&\frac{3}{4}&\frac{5}{4}\\0&1&-\frac{3}{2}&-\frac{7}{4}&-\frac{1}{4}\\0&0&0&0&0\end{bmatrix}$$

由 $R(\boldsymbol{A})=R(\overline{\boldsymbol{A}})=2<4$ 得,原方程组有无穷多解,并有

$$\begin{cases}x_1=\frac{3}{2}x_3-\frac{3}{4}x_4+\frac{5}{4}\\x_2=\frac{3}{2}x_3+\frac{7}{4}x_4-\frac{1}{4}\end{cases}$$

取 x_3,x_4 为自由未知量,并依次赋值为 1,0 和 0,1,可得到对应的齐次方程组的一组基础解系为

$$\boldsymbol{\xi}_1=\left[\frac{3}{2},\frac{3}{2},1,0\right]^{\mathrm{T}},\boldsymbol{\xi}_2=\left[-\frac{3}{4},\frac{7}{4},0,1\right]^{\mathrm{T}}.$$

赋值为 0,0,即令 $x_3=0,x_4=0$,可得到非齐次方程组的一个特解

$$\boldsymbol{\eta}=\left[\frac{5}{4},-\frac{1}{4},0,0\right]^{\mathrm{T}}.$$

故所求方程组的通解为

$$\boldsymbol{X}=k_1\boldsymbol{\xi}_1+k_2\boldsymbol{\xi}_2+\boldsymbol{\eta}=k_1\begin{bmatrix}\frac{3}{2}\\ \frac{3}{2}\\ 1\\ 0\end{bmatrix}+k_2\begin{bmatrix}-\frac{3}{4}\\ \frac{7}{4}\\ 0\\ 1\end{bmatrix}+\begin{bmatrix}\frac{5}{4}\\ -\frac{1}{4}\\ 0\\ 0\end{bmatrix}$$

其中 k_1,k_2 为任意实数.

例 3 讨论线性方程组的解

$$\begin{cases}\lambda x_1+x_2+x_3=1\\ x_1+\lambda x_2+x_3=\lambda\\ x_1+x_2+\lambda x_3=\lambda^2\end{cases}$$

问 λ 为何值时,方程组有唯一解、无解、无穷多解.

解 对增广矩阵 $\overline{\boldsymbol{A}}$ 施行初等行变换化为最简形式

$$\overline{\boldsymbol{A}}=\begin{bmatrix}\lambda & 1 & 1 & 1\\ 1 & \lambda & 1 & \lambda\\ 1 & 1 & \lambda & \lambda^2\end{bmatrix}\to\begin{bmatrix}1 & 1 & \lambda & \lambda^2\\ 1 & \lambda & 1 & \lambda\\ \lambda & 1 & 1 & 1\end{bmatrix}\to\begin{bmatrix}1 & 1 & \lambda & \lambda^2\\ 0 & \lambda-1 & 1-\lambda & \lambda-\lambda^2\\ 0 & 1-\lambda & 1-\lambda^2 & 1-\lambda^3\end{bmatrix}$$

$$\to\begin{bmatrix}1 & 1 & \lambda & \lambda^2\\ 0 & \lambda-1 & 1-\lambda & \lambda-\lambda^2\\ 0 & 0 & 2-\lambda-\lambda^2 & 1+\lambda-\lambda^2-\lambda^3\end{bmatrix}$$

$$\to\begin{bmatrix}1 & 1 & \lambda & \lambda^2\\ 0 & \lambda-1 & 1-\lambda & \lambda(1-\lambda)\\ 0 & 0 & (\lambda+2)(1-\lambda) & (1+\lambda)^2(1-\lambda)\end{bmatrix}$$

(1)当 $\lambda\neq-2$ 且 $\lambda\neq1$ 时,系数矩阵 $\boldsymbol{A}$ 的行列式 $|A|\neq0$,即 $R(\boldsymbol{A})=R(\overline{\boldsymbol{A}})=3$,故方程组有唯一解;

(2)当 $\lambda=1$ 时,$\overline{\boldsymbol{A}}\to\begin{bmatrix}1 & 1 & 1 & 1\\ 0 & 0 & 0 & 0\\ 0 & 0 & 0 & 0\end{bmatrix}$,

则 $R(\boldsymbol{A})=R(\overline{\boldsymbol{A}})=1<3$,故方程组有无穷多解;

(3)当 $\lambda=-2$ 时,$\overline{\boldsymbol{A}}\to\begin{bmatrix}1 & 1 & -2 & 4\\ 0 & -3 & 3 & -6\\ 0 & 0 & 0 & 3\end{bmatrix}$,

则 $R(\boldsymbol{A})=2<R(\overline{\boldsymbol{A}})=3$,故方程组无解.

□ 习题 4.2

1. 求解下列非齐次线性方程组

(1) $\begin{cases} 4x_1+2x_2-x_3=2 \\ 3x_1-x_2+2x_3=10 \\ 11x_1+3x_2=8 \end{cases}$；　(2) $\begin{cases} 2x+3y+z=4 \\ x-2y+4z=-5 \\ 3x+8y-2z=13 \\ 4x-y+9z=-6 \end{cases}$；

(3) $\begin{cases} 2x+y-z+w=1 \\ 4x+2y-2z+w=2 \\ 2x+y-z-w=1 \end{cases}$；　(4) $\begin{cases} 2x+y-z+w=1 \\ 3x-2y+z-3w=4 \\ x+4y-3z+5w=-2 \end{cases}$.

2. 非齐次线性方程组 $\begin{cases} -2x_1+x_2+x_3=-2 \\ x_1-2x_2+x_3=\lambda \\ x_1+x_2-2x_3=\lambda^2 \end{cases}$，当 λ 取何值时有解？并求出它的全部解.

3. 设 $\begin{cases} (2-\lambda)x_1+2x_2-2x_3=1 \\ 2x_1+(5-\lambda)x_2-4x_3=2 \\ -2x_1-4x_2+(5-\lambda)x_3=-\lambda-1 \end{cases}$，问 λ 为何值时，此方程组有唯一解、无解或有无穷多解？并在有无穷多解时求其通解.

4. 设四元非齐次线性方程组的系数矩阵的秩为 3，已知 $\boldsymbol{\eta}_1,\boldsymbol{\eta}_2,\boldsymbol{\eta}_3$ 是它的三个解向量，且 $\boldsymbol{\eta}_1=\begin{bmatrix}2\\3\\4\\5\end{bmatrix}$，$\boldsymbol{\eta}_2+\boldsymbol{\eta}_3=\begin{bmatrix}1\\2\\3\\4\end{bmatrix}$，求该方程组的通解.

5. 设 $\boldsymbol{\eta}^*$ 是非齐次线性方程组 $\boldsymbol{AX}=\boldsymbol{b}$ 的一个解，$\boldsymbol{\xi}_1,\cdots,\boldsymbol{\xi}_{n-r}$ 是对应的齐次线性方程组的一个基础解系，证明：

(1) $\boldsymbol{\eta}^*,\boldsymbol{\xi}_1,\cdots,\boldsymbol{\xi}_{n-r}$ 线性无关；

(2) $\boldsymbol{\eta}^*,\boldsymbol{\eta}^*+\boldsymbol{\xi}_1,\cdots,\boldsymbol{\eta}^*+\boldsymbol{\xi}_{n-r}$ 线性无关.

6. 设 $\boldsymbol{\eta}_1,\cdots,\boldsymbol{\eta}_s$ 是非齐次线性方程组 $\boldsymbol{AX}=\boldsymbol{b}$ 的 s 个解，$k_1,\cdots,k_s$ 为实数，满足 $k_1+k_2+\cdots+k_s=1$. 证明：$\boldsymbol{X}=k_1\boldsymbol{\eta}_1+k_2\boldsymbol{\eta}_2+\cdots+k_s\boldsymbol{\eta}_s$ 也是它的解.

7. 设非齐次线性方程组 $\boldsymbol{AX}=\boldsymbol{b}$ 的系数矩阵的秩为 r，$\boldsymbol{\eta}_1,\cdots,\boldsymbol{\eta}_{n-r+1}$ 是它的 $n-r+1$ 个线性无关的解. 试证它的任一解可表示为

$$\boldsymbol{X}=k_1\boldsymbol{\eta}_1+k_2\boldsymbol{\eta}_2+\cdots+k_{n-r+1}\boldsymbol{\eta}_{n-r+1}\text{，其中 } k_1+\cdots+k_{n-r+1}=1.$$

线性方程组的 *Matlab* 实验*

例 1 求非齐次线性方程组

$$\begin{cases} x_1+x_2-x_3-x_4=5 \\ 2x_1-5x_2+3x_3+2x_4=-4 \\ 7x_1-7x_2+3x_3+x_4=7 \end{cases}$$

的通解.

解
```
>>clear all
>>A=[1 1 -1 -1;2 -5 3 2;7 -7 3 1];
>> B=[5; -4; 7];
>>format rat
>> y0=A\B
>> y=null(A,'r')
```
运行结果:
```
y0 =
      3
      2
      0
      0


y =
      2/7        3/7
      5/7        4/7
      1          0
      0          1
```
即原方程组的通解是

$$\begin{bmatrix} x_1 \\ x_2 \\ x_3 \\ x_4 \end{bmatrix} = k_1 \begin{bmatrix} \frac{2}{7} \\ \frac{5}{7} \\ 1 \\ 0 \end{bmatrix} + k_2 \begin{bmatrix} \frac{3}{7} \\ \frac{4}{7} \\ 0 \\ 1 \end{bmatrix} + \begin{bmatrix} 3 \\ 2 \\ 0 \\ 0 \end{bmatrix}, k_1、k_2 \in \mathbf{R}$$

另解
```
>>clear all
>> format rat
>>A=[1 1 -1 -1;2 -5 3 2;7 -7 3 1];
>> B=[5; -4; 7];
```

```
>> T=rref([A B])
```

运行结果：

```
T=

    1       0      -2/7      -3/7      3
    0       1      -5/7      -4/7      2
    0       0       0         0        0
```

即原方程组的通解是

$$\begin{bmatrix}x_1\\x_2\\x_3\\x_4\end{bmatrix}=k_1\begin{bmatrix}\frac{2}{7}\\\frac{5}{7}\\1\\0\end{bmatrix}+k_2\begin{bmatrix}\frac{3}{7}\\\frac{4}{7}\\0\\1\end{bmatrix}+\begin{bmatrix}3\\2\\0\\0\end{bmatrix},k_1、k_2\in\mathbf{R}$$

例 2 判断非齐次线性方程组

$$\begin{cases}x_1+x_2=1\\ax_1+bx_2=c\\a^2x_1+b^2x_2=c^2\end{cases}$$

是否有解?

解

```
>>syms a b c
>>A=[1 1; a b;a^2 b^2];
>>B=[1 1 1; a b c;a^2 b^2 c^2];
>> r1=rank(A), r2=rank(B)
```

运行结果：

```
r1=

     2

r2=
     3
```

由于方程组的系数矩阵与增广矩阵的秩不相等，故原方程组无解.

□ 自测题四

一、填空题

1. 设 $\boldsymbol{A}$ 为 $m\times n$ 矩阵，如果 $\boldsymbol{A}=\boldsymbol{O}$，则任何________都是 $\boldsymbol{AX}=\boldsymbol{0}$ 的基础解系.

2. 如果方程组 $\boldsymbol{AX}=\boldsymbol{b}$ 有解，则它有唯一解的充分必要条件是它所对应的齐次线性方程组$\boldsymbol{AX}=\boldsymbol{0}$ ________.

3. 设$\boldsymbol{\eta}_1,\boldsymbol{\eta}_2,\cdots,\boldsymbol{\eta}_s$是方程组$\boldsymbol{AX}=\boldsymbol{b}$的解，若$k_1\boldsymbol{\eta}_1+k_2\boldsymbol{\eta}_2+\cdots+k_s\boldsymbol{\eta}_s$也是$\boldsymbol{AX}=\boldsymbol{b}$的解，则$k_1,k_2,\cdots,k_s$应满足的条件是________.

4. 设$\boldsymbol{\eta}_1,\boldsymbol{\eta}_2,\boldsymbol{\eta}_3$为$\boldsymbol{AX}=\boldsymbol{0}$的基础解系，则$\lambda\boldsymbol{\eta}_1-\boldsymbol{\eta}_2,\boldsymbol{\eta}_2-\boldsymbol{\eta}_3,\boldsymbol{\eta}_3-\boldsymbol{\eta}_1$也是$\boldsymbol{AX}=\boldsymbol{0}$的基础解系的充要条件是________.

5. 方程组$\boldsymbol{AX}=\boldsymbol{0}$以$\boldsymbol{\eta}_1=[1,0,1]^{\mathrm{T}},\boldsymbol{\eta}_2=[0,1,-1]^{\mathrm{T}}$为其基础解系，则方程组的系数矩阵为________.

6. 设$\boldsymbol{A}$为三阶方阵，$R(\boldsymbol{A})=1$，$\boldsymbol{B}=\begin{bmatrix}1&-1&0\\2&1&1\\3&0&k\end{bmatrix}$，$\boldsymbol{AB}=\boldsymbol{O}$，则$k=$________.

7. 设$\boldsymbol{\alpha}_1=[-3,0,1]^{\mathrm{T}},\boldsymbol{\alpha}_2=[0,-3,2]^{\mathrm{T}}$为$\boldsymbol{AX}=\boldsymbol{0}$的两个解向量，其中$\boldsymbol{A}=\begin{bmatrix}1&2&3\\-1&a&-3\\1&2&b\end{bmatrix}$，则$a=$________，$b=$________.

8. 三元非齐次线性方程组$\boldsymbol{AX}=\boldsymbol{b}$中$R(\boldsymbol{A})=2$，$\boldsymbol{\xi}_1,\boldsymbol{\xi}_2$是该非齐次线性方程组的两个特解，且$\boldsymbol{\xi}_1=[1,0,-1]^{\mathrm{T}},\boldsymbol{\xi}_1+\boldsymbol{\xi}_2=[1,1,0]^{\mathrm{T}}$，则该非齐次线性方程组的通解为________.

9. 若n元齐次线性方程组$\boldsymbol{AX}=\boldsymbol{0}$中，$R(\boldsymbol{A})=r$，则该齐次线性方程组的基础解系含有解向量的个数为________.

10. 方程组$x_1+2x_2+3x_3+\cdots+nx_n=1$的通解是________.

二、选择题

1. 设$\boldsymbol{A}$是$m\times n$矩阵，$\boldsymbol{AX}=\boldsymbol{0}$是非齐次线性方程组$\boldsymbol{AX}=\boldsymbol{b}$所对应的齐次线性方程组，则下列结论正确的是(　　).

(A)若$\boldsymbol{AX}=\boldsymbol{0}$仅有零解，则$\boldsymbol{AX}=\boldsymbol{b}$有唯一解；

(B)若$\boldsymbol{AX}=\boldsymbol{0}$有非零解，则$\boldsymbol{AX}=\boldsymbol{b}$有无穷多解；

(C)若$\boldsymbol{AX}=\boldsymbol{b}$有无穷多解，则$\boldsymbol{AX}=\boldsymbol{0}$仅有零解；

(D)若$\boldsymbol{AX}=\boldsymbol{b}$有无穷多解，则$\boldsymbol{AX}=\boldsymbol{0}$有非零解.

2. 设矩阵$\boldsymbol{A}_{m\times n}$的秩为$R(\boldsymbol{A})=m<n$，$\boldsymbol{E}_m$为$m$阶单位矩阵，下述结论正确的是(　　).

(A)$\boldsymbol{A}$的任意m个列向量必线性无关；

(B)$\boldsymbol{A}$的任意一个m阶子式不等于零；

(C)$\boldsymbol{A}$通过初等行变换，必可化为$[\boldsymbol{E}_m,\boldsymbol{O}]$的形式；

(D)非齐次线性方程组$\boldsymbol{AX}=\boldsymbol{b}$一定有无穷多解.

3. 若$\boldsymbol{\alpha}_1,\boldsymbol{\alpha}_2,\cdots,\boldsymbol{\alpha}_m$为$\boldsymbol{AX}=\boldsymbol{0}$的一个基础解系，$k_1,k_2,\cdots,k_m$为任意常数，则$\boldsymbol{AX}=\boldsymbol{0}$的通解为(　　).

(A) $\sum\limits_{i=1}^{m-1}k_i(\boldsymbol{\alpha}_{i+1}-\boldsymbol{\alpha}_i)$；　　(B) $\sum\limits_{i=1}^{m-1}k_i\boldsymbol{\alpha}_i$；

(C) $\sum\limits_{i=1}^{m-1}k_i(\boldsymbol{\alpha}_{i+1}+\boldsymbol{\alpha}_i)$；　　(D) $\sum\limits_{i=1}^{m-1}k_i(\boldsymbol{\alpha}_{i+1}-2\boldsymbol{\alpha}_i)+k_m\boldsymbol{\alpha}_1$.

4. 已知$\boldsymbol{\beta}_1,\boldsymbol{\beta}_2$是非齐次方程组$\boldsymbol{AX}=\boldsymbol{b}$的两个不同解，$\boldsymbol{\alpha}_1,\boldsymbol{\alpha}_2$是齐次方程组$\boldsymbol{AX}=\boldsymbol{0}$的基

础解系，k_1,k_2 为任意常数，则 $\boldsymbol{AX}=\boldsymbol{b}$ 的通解为（　　）.

(A) $k_1\boldsymbol{\alpha}_1+k_2(\boldsymbol{\alpha}_2+\boldsymbol{\alpha}_1)+\dfrac{\boldsymbol{\beta}_1-\boldsymbol{\beta}_2}{2}$； (B) $k_1\boldsymbol{\alpha}_1+k_2(\boldsymbol{\alpha}_1-\boldsymbol{\alpha}_2)+\dfrac{\boldsymbol{\beta}_1+\boldsymbol{\beta}_2}{2}$；

(C) $k_1\boldsymbol{\alpha}_1+k_2(\boldsymbol{\beta}_1+\boldsymbol{\beta}_2)+\dfrac{\boldsymbol{\beta}_1-\boldsymbol{\beta}_2}{2}$； (D) $k_1\boldsymbol{\alpha}_1+k_2(\boldsymbol{\beta}_1-\boldsymbol{\beta}_2)+\dfrac{\boldsymbol{\beta}_1+\boldsymbol{\beta}_2}{2}$.

5. 齐次线性方程组 $\boldsymbol{AX}=\boldsymbol{0}$ 仅有零解的充要条件是（　　）.

(A)系数矩阵 $\boldsymbol{A}$ 的行向量组线性无关； (B)系数矩阵 $\boldsymbol{A}$ 的列向量组线性无关；

(C)系数矩阵 $\boldsymbol{A}$ 的行向量组线性相关； (D)系数矩阵 $\boldsymbol{A}$ 的列向量组线性相关.

6. 齐次线性方程组 $\boldsymbol{AX}=\boldsymbol{0}$ 有非零解的充要条件是（　　）.

(A)系数矩阵 $\boldsymbol{A}$ 的任意两个列向量线性相关；

(B)系数矩阵 $\boldsymbol{A}$ 的任意两个列向量线性无关；

(C)必有一列向量是其余列向量的线性组合；

(D)任一列向量都是其余列向量的线性组合.

7. 已知三阶矩阵 $\boldsymbol{A}=[a_{ij}]_{3\times3}$ 满足条件(1) $a_{ij}=A_{ij}(i,j=1,2,3)$，其中 A_{ij} 是元素 a_{ij} 的代数余子式；(2) $a_{33}=-1$；(3) $|\boldsymbol{A}|=1$. 则方程组 $\boldsymbol{A}\begin{bmatrix}x_1\\x_2\\x_3\end{bmatrix}=\begin{bmatrix}0\\0\\1\end{bmatrix}$ 的解是（　　）.

(A) $\begin{bmatrix}3\\5\\2\end{bmatrix}$； (B) $\begin{bmatrix}1\\2\\3\end{bmatrix}$； (C) $\begin{bmatrix}0\\0\\-1\end{bmatrix}$； (D) $\begin{bmatrix}1\\0\\-1\end{bmatrix}$.

8. 要使 $\boldsymbol{\xi}_1=[1,0,2]^{\mathrm{T}}$，$\boldsymbol{\xi}_2=[0,1,-1]^{\mathrm{T}}$ 都是线性方程组 $\boldsymbol{AX}=\boldsymbol{0}$ 的解，只要系数矩阵 $\boldsymbol{A}$ 为（　　）.

(A) $[-2,1,1]$； (B) $\begin{bmatrix}2&0&-1\\0&1&1\end{bmatrix}$；

(C) $\begin{bmatrix}-1&0&2\\0&1&-1\end{bmatrix}$； (D) $\begin{bmatrix}0&1&1\\4&-2&-2\\0&1&1\end{bmatrix}$.

9. 设 $\boldsymbol{A}=[a_{ij}]_{m\times m}$，且 $|\boldsymbol{A}|=0$，但 $\boldsymbol{A}$ 中某元素 a_{kl} 的代数余子式 $A_{kl}\neq0$，则齐次线性方程组 $\boldsymbol{AX}=\boldsymbol{0}$ 的每一个基础解系中解向量个数是（　　）.

(A) 1； (B) k； (C) m； (D) l.

10. 设 $\boldsymbol{A}$ 是 n 阶方阵，$R(\boldsymbol{A})=n-3$ 且 $\boldsymbol{\alpha}_1,\boldsymbol{\alpha}_2,\boldsymbol{\alpha}_3$ 是 $\boldsymbol{AX}=\boldsymbol{0}$ 的三个线性无关的解向量，则（　　）为 $\boldsymbol{AX}=\boldsymbol{0}$ 的基础解系.

(A) $\boldsymbol{\alpha}_1+\boldsymbol{\alpha}_2,\boldsymbol{\alpha}_2+\boldsymbol{\alpha}_3,\boldsymbol{\alpha}_1+\boldsymbol{\alpha}_3$； (B) $\boldsymbol{\alpha}_2-\boldsymbol{\alpha}_1,\boldsymbol{\alpha}_3-\boldsymbol{\alpha}_2,\boldsymbol{\alpha}_1-\boldsymbol{\alpha}_3$；

(C) $2\boldsymbol{\alpha}_2-\boldsymbol{\alpha}_1,\dfrac{1}{2}\boldsymbol{\alpha}_3-\boldsymbol{\alpha}_2,\boldsymbol{\alpha}_1-\boldsymbol{\alpha}_3$； (D) $\boldsymbol{\alpha}_1+\boldsymbol{\alpha}_2+\boldsymbol{\alpha}_3,\boldsymbol{\alpha}_3-\boldsymbol{\alpha}_2,-\boldsymbol{\alpha}_1-2\boldsymbol{\alpha}_3$.

三、计算题

1. λ 取何值时，线性方程组 $\begin{cases}2x_1-4x_2+5x_3+3x_4=1\\3x_1-6x_2+4x_3+2x_4=2\\4x_1-8x_2+3x_3+x_4=\lambda\end{cases}$

有解？当方程组有解时，试求其通解.

2.线性方程组$\begin{cases}\lambda x_1+x_2+x_3=\lambda-3\\ x_1+\lambda x_2+x_3=-2\\ x_1+x_2+\lambda x_3=-2\end{cases}$，讨论 λ 取何值时，方程组无解、有唯一解和有无穷多组解，在方程组有无穷多组解时，求出其通解.

3.设有三维列向量：$\boldsymbol{\alpha}_1=\begin{bmatrix}1+\lambda\\1\\1\end{bmatrix}$，$\boldsymbol{\alpha}_2=\begin{bmatrix}1\\1+\lambda\\1\end{bmatrix}$，$\boldsymbol{\alpha}_3=\begin{bmatrix}1\\1\\1+\lambda\end{bmatrix}$，$\boldsymbol{\beta}=\begin{bmatrix}0\\\lambda\\\lambda^2\end{bmatrix}$. 问 λ 取何值时，

(1)$\boldsymbol{\beta}$ 可由 $\boldsymbol{\alpha}_1,\boldsymbol{\alpha}_2,\boldsymbol{\alpha}_3$ 线性表示，且表达式唯一；

(2)$\boldsymbol{\beta}$ 可由 $\boldsymbol{\alpha}_1,\boldsymbol{\alpha}_2,\boldsymbol{\alpha}_3$ 线性表示，且表达式不唯一；

(3)$\boldsymbol{\beta}$ 不能由 $\boldsymbol{\alpha}_1,\boldsymbol{\alpha}_2,\boldsymbol{\alpha}_3$ 线性表示.

4.已知四元非齐次线性方程组的系数矩阵的秩为 3，$\boldsymbol{\alpha}_1,\boldsymbol{\alpha}_2,\boldsymbol{\alpha}_3$ 是它的三个解向量，其中 $\boldsymbol{\alpha}_1+\boldsymbol{\alpha}_2=[1,1,0,2]^{\mathrm{T}}$，$\boldsymbol{\alpha}_2+\boldsymbol{\alpha}_3=[1,0,1,3]^{\mathrm{T}}$，试求该非齐次线性方程组的通解.

5.设四元齐次线性方程组(Ⅰ)为$\begin{cases}x_1+x_2=0\\ x_2-x_4=0\end{cases}$，又已知齐次线性方程组(Ⅱ)的通解为 $k_1[0,1,1,0]^{\mathrm{T}}+k_2[-1,2,2,1]^{\mathrm{T}}$.

(1)求方程组(Ⅰ)的基础解系；

(2)问线性方程组(Ⅰ)和(Ⅱ)是否有非零公共解？若有，则求出所有的非零公共解，若没有，则说明理由.

四、证明题

1.已知三阶矩阵 $\boldsymbol{B}\neq\boldsymbol{O}$，且 $\boldsymbol{B}$ 的每一个列向量都是以下方程组的解向量

$$\begin{cases}x_1+2x_2-2x_3=0\\ 2x_1-x_2+\lambda x_3=0\\ 3x_1+x_2-x_3=0\end{cases}$$

(1)求 λ 的值；(2)证明：$|\boldsymbol{B}|=0$.

2.设 $\boldsymbol{AX}=\boldsymbol{0}$ 与 $\boldsymbol{BX}=\boldsymbol{0}$ 均为 n 元齐次线性方程组，$R(\boldsymbol{A})=R(\boldsymbol{B})$，且方程组 $\boldsymbol{AX}=\boldsymbol{0}$ 的解均为方程组 $\boldsymbol{BX}=\boldsymbol{0}$ 的解，证明：方程组 $\boldsymbol{AX}=\boldsymbol{0}$ 与 $\boldsymbol{BX}=\boldsymbol{0}$ 同解.

3.证明：线性方程组 $\boldsymbol{ABX}=\boldsymbol{0}$ 的解都是 $\boldsymbol{BX}=\boldsymbol{0}$ 的解，当且仅当 $R(\boldsymbol{AB})=R(\boldsymbol{B})$.

Chapter 5 第 5 章

相似矩阵与二次型

Similar Matrix and Quadratic Form

相似矩阵与二次型是线性代数的重要组成部分,在数学各分支、科学技术以及数量经济分析等多个领域有着广泛的应用.

5.1 正交矩阵与正交变换

本节我们将引进向量的内积、长度、正交等概念,并介绍它们的性质.

5.1.1 向量的内积

定义 1 设有 n 维向量

$$\boldsymbol{X}=\begin{bmatrix}x_1\\x_2\\\vdots\\x_n\end{bmatrix},\boldsymbol{Y}=\begin{bmatrix}y_1\\y_2\\\vdots\\y_n\end{bmatrix}$$

令 $(\boldsymbol{X},\boldsymbol{Y})=x_1y_1+x_2y_2+\cdots+x_ny_n$,称为向量 $\boldsymbol{X}$ 与 $\boldsymbol{Y}$ 的内积.

显然,当 $\boldsymbol{X}$ 与 $\boldsymbol{Y}$ 都是列向量时,有 $(\boldsymbol{X},\boldsymbol{Y})=\boldsymbol{X}^{\mathrm{T}}\boldsymbol{Y}=\boldsymbol{Y}^{\mathrm{T}}\boldsymbol{X}$.

内积具有下列性质(其中 $\boldsymbol{X},\boldsymbol{Y},\boldsymbol{Z}$ 为 n 维向量,λ 为实数):

(1) $(\boldsymbol{X},\boldsymbol{Y})=(\boldsymbol{Y},\boldsymbol{X})$;

(2) $(\lambda\boldsymbol{X},\boldsymbol{Y})=\lambda(\boldsymbol{X},\boldsymbol{Y})$;

(3) $(\boldsymbol{X}+\boldsymbol{Y},\boldsymbol{Z})=(\boldsymbol{X},\boldsymbol{Z})+(\boldsymbol{Y},\boldsymbol{Z})$;

(4) $(\boldsymbol{X},\boldsymbol{X})\geqslant 0$,当且仅当 $\boldsymbol{X}=\boldsymbol{0}$ 时等号成立.

定义 2 令 $\|\boldsymbol{X}\|=\sqrt{(\boldsymbol{X},\boldsymbol{X})}=\sqrt{x_1^2+x_2^2+\cdots+x_n^2}$,称为 n 维向量 $\boldsymbol{X}$ 的长度(或范数).

向量 $\boldsymbol{X}$ 的长度具有下述性质:

(1)非负性 $\|\boldsymbol{X}\|\geqslant 0$;

(2)齐次性 $\|\lambda\boldsymbol{X}\|=|\lambda|\,\|\boldsymbol{X}\|$;

(3)三角不等式 $\|\boldsymbol{X}+\boldsymbol{Y}\| \leqslant \|\boldsymbol{X}\|+\|\boldsymbol{Y}\|$；

(4)许瓦兹不等式 $\|(\boldsymbol{X},\boldsymbol{Y})\| \leqslant \|\boldsymbol{X}\|\,\|\boldsymbol{Y}\|$.

由性质(4)知，当 $\|\boldsymbol{X}\| \neq 0$，$\|\boldsymbol{Y}\| \neq 0$ 时，$\left\|\dfrac{(\boldsymbol{X},\boldsymbol{Y})}{\|\boldsymbol{X}\|\,\|\boldsymbol{Y}\|}\right\| \leqslant 1$，因此，称 $\theta=\arccos\dfrac{(\boldsymbol{X},\boldsymbol{Y})}{\|\boldsymbol{X}\|\,\|\boldsymbol{Y}\|}$ 为向量 $\boldsymbol{X}$ 与 $\boldsymbol{Y}$ 的夹角.

当 $\|\boldsymbol{X}\|=1$ 时，称 $\boldsymbol{X}$ 为单位向量，任一非零向量除以它的长度后就成了单位向量，这一过程称为将向量单位化.

5.1.2　向量组的正交化

定义 3　当 $(\boldsymbol{X},\boldsymbol{Y})=0$ 时，称向量 $\boldsymbol{X}$ 与 $\boldsymbol{Y}$ 正交(或垂直).

显然，零向量与任何向量都正交. 若 n 维非零向量组中任意两个向量都正交，则称此向量组为正交向量组.

若一个正交向量组中每一个向量都是单位向量，则称此向量组为正交规范向量组或标准正交向量组.

定理 1　两两正交的非零向量组，一定是线性无关的.

证明　设有数 $\lambda_1,\lambda_2,\cdots,\lambda_m$，使 $\lambda_1\boldsymbol{\alpha}_1+\lambda_2\boldsymbol{\alpha}_2+\cdots+\lambda_m\boldsymbol{\alpha}_m=\boldsymbol{0}$.

以 $\boldsymbol{\alpha}_1^{\mathrm{T}}$ 左乘上式两端，得 $\lambda_1\boldsymbol{\alpha}_1^{\mathrm{T}}\boldsymbol{\alpha}_1=0$，因 $\boldsymbol{\alpha}_1\neq\boldsymbol{0}$，故 $\boldsymbol{\alpha}_1^{\mathrm{T}}\boldsymbol{\alpha}_1=\|\boldsymbol{\alpha}_1\|^2\neq 0$，从而必有 $\lambda_1=0$. 类似可证 $\lambda_2=0,\cdots,\lambda_m=0$. 于是向量组 $\boldsymbol{\alpha}_1,\boldsymbol{\alpha}_2,\cdots\boldsymbol{\alpha}_m$ 线性无关.

上述定理的逆定理不成立，即线性无关的向量组不一定是正交向量组，但可以通过线性变换的方式将一个线性无关的向量组改造成一个与此等价的正交向量组.

将一个线性无关的向量组正交化的方法有多种，此处不加证明地给出一种施密特(Schmidt)正交化法，具体做法如下：

设向量组 $\boldsymbol{\alpha}_1,\boldsymbol{\alpha}_2,\cdots,\boldsymbol{\alpha}_m$ 线性无关.

取 $\boldsymbol{\beta}_1=\boldsymbol{\alpha}_1$，

$$\boldsymbol{\beta}_2=\boldsymbol{\alpha}_2-\frac{(\boldsymbol{\beta}_1,\boldsymbol{\alpha}_2)}{(\boldsymbol{\beta}_1,\boldsymbol{\beta}_1)}\boldsymbol{\beta}_1,$$

……

$$\boldsymbol{\beta}_m=\boldsymbol{\alpha}_m-\frac{(\boldsymbol{\beta}_1,\boldsymbol{\alpha}_m)}{(\boldsymbol{\beta}_1,\boldsymbol{\beta}_1)}\boldsymbol{\beta}_1-\frac{(\boldsymbol{\beta}_2,\boldsymbol{\alpha}_m)}{(\boldsymbol{\beta}_2,\boldsymbol{\beta}_2)}\boldsymbol{\beta}_2-\cdots-\frac{(\boldsymbol{\beta}_{m-1},\boldsymbol{\alpha}_m)}{(\boldsymbol{\beta}_{m-1},\boldsymbol{\beta}_{m-1})}\boldsymbol{\beta}_{m-1}.$$

可以证明，对任何 $k(1\leqslant k\leqslant m)$，向量组 $\boldsymbol{\beta}_1,\boldsymbol{\beta}_2,\cdots,\boldsymbol{\beta}_k$ 与 $\boldsymbol{\alpha}_1,\boldsymbol{\alpha}_2,\cdots,\boldsymbol{\alpha}_k$ 等价.

例 1　将线性无关向量组 $\boldsymbol{\alpha}_1=\begin{bmatrix}1\\1\\1\end{bmatrix}$，$\boldsymbol{\alpha}_2=\begin{bmatrix}1\\2\\3\end{bmatrix}$，$\boldsymbol{\alpha}_3=\begin{bmatrix}3\\-3\\3\end{bmatrix}$ 正交规范化.

解　先将 $\boldsymbol{\alpha}_1,\boldsymbol{\alpha}_2,\boldsymbol{\alpha}_3$ 正交化，取

$$\boldsymbol{\beta}_1=\boldsymbol{\alpha}_1=\begin{bmatrix}1\\1\\1\end{bmatrix},\ \boldsymbol{\beta}_2=\boldsymbol{\alpha}_2-\frac{(\boldsymbol{\beta}_1,\boldsymbol{\alpha}_2)}{(\boldsymbol{\beta}_1,\boldsymbol{\beta}_1)}\boldsymbol{\beta}_1=\begin{bmatrix}1\\2\\3\end{bmatrix}-\frac{6}{3}\begin{bmatrix}1\\1\\1\end{bmatrix}=\begin{bmatrix}-1\\0\\1\end{bmatrix},$$

$$\boldsymbol{\beta}_3=\boldsymbol{\alpha}_3-\frac{(\boldsymbol{\beta}_1,\boldsymbol{\alpha}_3)}{(\boldsymbol{\beta}_1,\boldsymbol{\beta}_1)}\boldsymbol{\beta}_1-\frac{(\boldsymbol{\beta}_2,\boldsymbol{\alpha}_3)}{(\boldsymbol{\beta}_2,\boldsymbol{\beta}_2)}\boldsymbol{\beta}_2=\begin{bmatrix}3\\-3\\3\end{bmatrix}-\frac{3}{3}\begin{bmatrix}1\\1\\1\end{bmatrix}-\frac{0}{2}\begin{bmatrix}-1\\0\\1\end{bmatrix}=\begin{bmatrix}2\\-4\\2\end{bmatrix}.$$

再将它们单位化，取

$$\boldsymbol{e}_1=\frac{\boldsymbol{\beta}_1}{\|\boldsymbol{\beta}_1\|}=\frac{1}{\sqrt{3}}\begin{bmatrix}1\\1\\1\end{bmatrix},\quad \boldsymbol{e}_2=\frac{\boldsymbol{\beta}_2}{\|\boldsymbol{\beta}_2\|}=\frac{1}{\sqrt{2}}\begin{bmatrix}-1\\0\\1\end{bmatrix},\quad \boldsymbol{e}_3=\frac{\boldsymbol{\beta}_3}{\|\boldsymbol{\beta}_3\|}=\frac{1}{\sqrt{6}}\begin{bmatrix}1\\-2\\1\end{bmatrix}.$$

则 $\boldsymbol{e}_1,\boldsymbol{e}_2,\boldsymbol{e}_3$ 即为所求.

例 2 已知 $\boldsymbol{\alpha}_1=\begin{bmatrix}1\\2\\2\end{bmatrix}$，求非零向量 $\boldsymbol{\alpha}_2,\boldsymbol{\alpha}_3$，使 $\boldsymbol{\alpha}_1,\boldsymbol{\alpha}_2,\boldsymbol{\alpha}_3$ 成为正交向量组.

解 $\boldsymbol{\alpha}_2,\boldsymbol{\alpha}_3$ 应满足方程 $\boldsymbol{\alpha}_1^{\mathrm{T}}\boldsymbol{X}=0$，即 $x_1+2x_2+2x_3=0$.

它的基础解系为

$$\boldsymbol{\xi}_1=\begin{bmatrix}-2\\1\\0\end{bmatrix},\quad \boldsymbol{\xi}_2=\begin{bmatrix}-2\\0\\1\end{bmatrix}.$$

将 $\boldsymbol{\xi}_1,\boldsymbol{\xi}_2$ 正交化，取 $\boldsymbol{\alpha}_2=\boldsymbol{\xi}_1=\begin{bmatrix}-2\\1\\0\end{bmatrix}$，

$$\boldsymbol{\alpha}_3=\boldsymbol{\xi}_2-\frac{(\boldsymbol{\alpha}_2,\boldsymbol{\xi}_2)}{(\boldsymbol{\alpha}_2,\boldsymbol{\alpha}_2)}\boldsymbol{\alpha}_2=\begin{bmatrix}-2\\0\\1\end{bmatrix}-\frac{4}{5}\begin{bmatrix}-2\\1\\0\end{bmatrix}=\frac{1}{5}\begin{bmatrix}-2\\-4\\5\end{bmatrix},$$

则 $\boldsymbol{\alpha}_2,\boldsymbol{\alpha}_3$ 就是所求.

定理 2 若 $\boldsymbol{\alpha}_1,\boldsymbol{\alpha}_2,\cdots,\boldsymbol{\alpha}_r$ 是两两正交的 n 维非零向量，$r<n$，则必有 n 维非零向量 $\boldsymbol{X}$，使得 $\boldsymbol{X}$ 与 $\boldsymbol{\alpha}_1,\boldsymbol{\alpha}_2,\cdots,\boldsymbol{\alpha}_r$ 都正交.

证明 所求向量 $\boldsymbol{X}$ 应满足

$$\boldsymbol{\alpha}_i^{\mathrm{T}}\boldsymbol{X}=0\ (i=1,2,\cdots,r),\text{且 }\boldsymbol{X}\neq\boldsymbol{0},$$

即

$$\begin{bmatrix}\boldsymbol{\alpha}_1^{\mathrm{T}}\\\boldsymbol{\alpha}_2^{\mathrm{T}}\\\vdots\\\boldsymbol{\alpha}_r^{\mathrm{T}}\end{bmatrix}\boldsymbol{X}=\begin{bmatrix}0\\0\\\vdots\\0\end{bmatrix}$$

记

$$\boldsymbol{A}=\begin{bmatrix}\boldsymbol{\alpha}_1^{\mathrm{T}}\\\boldsymbol{\alpha}_2^{\mathrm{T}}\\\vdots\\\boldsymbol{\alpha}_r^{\mathrm{T}}\end{bmatrix},$$

则 $R(\boldsymbol{A})=r<n$，故齐次线性方程组 $\boldsymbol{AX}=\boldsymbol{0}$ 必有非零解，任一非零向量 $\boldsymbol{X}$ 必为所求.

推论 $r(r<n)$个两两正交的 n 维非零向量,总可以添上 $n-r$ 个 n 维非零向量,使 n 个向量两两正交.

5.1.3 正交矩阵与正交变换

定义 4 如果 n 阶方阵 $\boldsymbol{A}$ 满足

$$\boldsymbol{A}\boldsymbol{A}^{\mathrm{T}}=\boldsymbol{A}^{\mathrm{T}}\boldsymbol{A}=\boldsymbol{E}(\text{即 }\boldsymbol{A}^{-1}=\boldsymbol{A}^{\mathrm{T}})$$

那么称 $\boldsymbol{A}$ 为正交矩阵.

定理 3 $\boldsymbol{A}$ 为正交矩阵的充分必要条件是 $\boldsymbol{A}$ 的行(列)向量组为正交规范向量组.

证明 将 $\boldsymbol{A}$ 用行向量表示为 $\boldsymbol{A}=\begin{bmatrix}\boldsymbol{\alpha}_1\\ \boldsymbol{\alpha}_2\\ \vdots\\ \boldsymbol{\alpha}_n\end{bmatrix}$,

于是 $$\boldsymbol{A}\boldsymbol{A}^{\mathrm{T}}=\begin{bmatrix}\boldsymbol{\alpha}_1\\ \boldsymbol{\alpha}_2\\ \vdots\\ \boldsymbol{\alpha}_n\end{bmatrix}[\boldsymbol{\alpha}_1^{\mathrm{T}},\boldsymbol{\alpha}_2^{\mathrm{T}},\cdots,\boldsymbol{\alpha}_n^{\mathrm{T}}]=\begin{bmatrix}\boldsymbol{\alpha}_1\boldsymbol{\alpha}_1^{\mathrm{T}} & \boldsymbol{\alpha}_1\boldsymbol{\alpha}_2^{\mathrm{T}} & \cdots & \boldsymbol{\alpha}_1\boldsymbol{\alpha}_n^{\mathrm{T}}\\ \boldsymbol{\alpha}_2\boldsymbol{\alpha}_1^{\mathrm{T}} & \boldsymbol{\alpha}_2\boldsymbol{\alpha}_2^{\mathrm{T}} & \cdots & \boldsymbol{\alpha}_2\boldsymbol{\alpha}_n^{\mathrm{T}}\\ \vdots & \vdots & \vdots & \vdots\\ \boldsymbol{\alpha}_n\boldsymbol{\alpha}_1^{\mathrm{T}} & \boldsymbol{\alpha}_n\boldsymbol{\alpha}_2^{\mathrm{T}} & \cdots & \boldsymbol{\alpha}_n\boldsymbol{\alpha}_n^{\mathrm{T}}\end{bmatrix}.$$

因此,$\boldsymbol{A}\boldsymbol{A}^{\mathrm{T}}=\boldsymbol{E}$ 的充分必要条件是

$$\boldsymbol{\alpha}_i\boldsymbol{\alpha}_j^{\mathrm{T}}=\begin{cases}1, i=j\\ 0, i\neq j\end{cases}\quad (i,j=1,2,\cdots,n),$$

即 $\boldsymbol{A}$ 的行向量组为正交规范向量组.

定理 4 设 $\boldsymbol{A}$、$\boldsymbol{B}$ 都是 n 阶正交方阵,则

(1) $|\boldsymbol{A}|=1$ 或 $|\boldsymbol{A}|=-1$;

(2) $\boldsymbol{A}^{\mathrm{T}}$,$\boldsymbol{A}^{-1}$,$\boldsymbol{AB}$ 也是正交方阵.

证明留给读者完成.

例 3 正交矩阵举例.

(1) $\begin{bmatrix}\cos\theta & -\sin\theta\\ \sin\theta & \cos\theta\end{bmatrix}$; (2) $\begin{bmatrix}-\frac{1}{3} & \frac{2}{3} & \frac{2}{3}\\ \frac{2}{3} & -\frac{1}{3} & \frac{2}{3}\\ \frac{2}{3} & \frac{2}{3} & -\frac{1}{3}\end{bmatrix}$.

定义 5 若 $\boldsymbol{P}$ 为正交矩阵,则线性变换 $\boldsymbol{Y}=\boldsymbol{PX}$ 称为正交变换.

设 $\boldsymbol{Y}=\boldsymbol{PX}$ 为正交变换,则有

$$\|\boldsymbol{Y}\|=\sqrt{\boldsymbol{Y}^{\mathrm{T}}\boldsymbol{Y}}=\sqrt{\boldsymbol{X}^{\mathrm{T}}\boldsymbol{P}^{\mathrm{T}}\boldsymbol{P}\boldsymbol{X}}=\sqrt{\boldsymbol{X}^{\mathrm{T}}\boldsymbol{X}}=\|\boldsymbol{X}\|$$

这说明,正交变换不改变向量的长度.

□ 习题 5.1

1. 试用施密特正交化方法将下列向量组正交化：

(1)$\boldsymbol{\alpha}_1=\begin{bmatrix}1\\1\\1\end{bmatrix},\boldsymbol{\alpha}_2=\begin{bmatrix}1\\2\\3\end{bmatrix},\boldsymbol{\alpha}_3=\begin{bmatrix}1\\4\\9\end{bmatrix}$； (2)$\boldsymbol{\alpha}_1=\begin{bmatrix}1\\0\\-1\\1\end{bmatrix},\boldsymbol{\alpha}_2=\begin{bmatrix}1\\-1\\0\\1\end{bmatrix},\boldsymbol{\alpha}_3=\begin{bmatrix}-1\\1\\1\\0\end{bmatrix}$.

2. 下列矩阵是否为正交矩阵？

(1)$\begin{bmatrix}2&1&0\\-1&1&1\\1&-1&1\end{bmatrix}$； (2)$\dfrac{1}{\sqrt{2}}\begin{bmatrix}1&0&1&0\\1&0&-1&0\\0&1&0&1\\0&-1&0&1\end{bmatrix}$.

3. 设 $\boldsymbol{\alpha}_1=\begin{bmatrix}1\\2\\3\end{bmatrix}$，求非零向量 $\boldsymbol{\alpha}_2,\boldsymbol{\alpha}_3$，使向量组 $\boldsymbol{\alpha}_1,\boldsymbol{\alpha}_2,\boldsymbol{\alpha}_3$ 为正交向量组.

4. 证明定理 4.

5.2 方阵的特征值与特征向量

工程技术和经济管理的许多定量分析问题，常可归结为求一个方阵的特征值和特征向量的问题.

5.2.1 特征值与特征向量

定义 1 设 $\boldsymbol{A}$ 是 n 阶方阵，如果数 λ 和 n 维非零列向量 $\boldsymbol{X}$ 使关系式

$$\boldsymbol{AX}=\lambda\boldsymbol{X} \tag{5.1}$$

成立，则称 λ 是方阵 $\boldsymbol{A}$ 的特征值，非零列向量 $\boldsymbol{X}$ 称为 $\boldsymbol{A}$ 的属于特征值 λ 的特征向量.

由定义可看出，矩阵 $\boldsymbol{A}$ 的特征向量有如下性质：

(1)如果向量 $\boldsymbol{\alpha}$ 是矩阵 $\boldsymbol{A}$ 的属于特征值 λ 的特征向量，则 $\boldsymbol{\alpha}$ 的任何非零倍数 $k\boldsymbol{\alpha}(k\neq0)$ 也是 $\boldsymbol{A}$ 的属于特征值 λ 的特征向量.

事实上，$\boldsymbol{A}(k\boldsymbol{\alpha})=k\boldsymbol{A}(\boldsymbol{\alpha})=\lambda(k\boldsymbol{\alpha})$.

(2)如果向量 $\boldsymbol{\alpha}_1,\boldsymbol{\alpha}_2$ 都是矩阵 $\boldsymbol{A}$ 的属于特征值 λ 的特征向量，且 $\boldsymbol{\alpha}_1+\boldsymbol{\alpha}_2\neq\boldsymbol{0}$，则 $\boldsymbol{\alpha}_1+\boldsymbol{\alpha}_2$ 也是 $\boldsymbol{A}$ 的属于特征值 λ 的特征向量.

事实上，$\boldsymbol{A}(\boldsymbol{\alpha}_1+\boldsymbol{\alpha}_2)=\boldsymbol{A}\boldsymbol{\alpha}_1+\boldsymbol{A}\boldsymbol{\alpha}_2=\lambda\boldsymbol{\alpha}_1+\lambda\boldsymbol{\alpha}_2=\lambda(\boldsymbol{\alpha}_1+\boldsymbol{\alpha}_2)$.

由上面两条性质，不难得到：

(3) 如果向量 $\boldsymbol{\alpha}_1,\boldsymbol{\alpha}_2,\cdots,\boldsymbol{\alpha}_m$ 都是矩阵 $\boldsymbol{A}$ 的属于特征值 λ 的特征向量，$k_1,k_2,\cdots,k_m$ 是一组数，且 $k_1\boldsymbol{\alpha}_1+k_2\boldsymbol{\alpha}_2+\cdots+k_m\boldsymbol{\alpha}_m\neq\boldsymbol{0}$，则 $k_1\boldsymbol{\alpha}_1+k_2\boldsymbol{\alpha}_2+\cdots+k_m\boldsymbol{\alpha}_m$ 也是 $\boldsymbol{A}$ 的属于特征值 λ 的特征向量.

下面讨论如何求出矩阵 $\boldsymbol{A}$ 的特征值和特征向量.

将式(5.1)改写为

$$(\boldsymbol{A}-\lambda\boldsymbol{E})\boldsymbol{X}=\boldsymbol{0} \tag{5.2}$$

这是 n 个未知量 n 个方程的齐次线性方程组，它有非零解的充要条件是系数行列式

$$|\boldsymbol{A}-\lambda\boldsymbol{E}|=0 \tag{5.3}$$

即
$$\begin{vmatrix} a_{11}-\lambda & a_{12} & \cdots & a_{1n} \\ a_{21} & a_{22}-\lambda & \cdots & a_{2n} \\ \vdots & \vdots & & \vdots \\ a_{n1} & a_{n2} & \cdots & a_{nn}-\lambda \end{vmatrix}=0$$

方程组(5.2)的系数矩阵 $\boldsymbol{A}-\lambda\boldsymbol{E}$ 称为 $\boldsymbol{A}$ 的特征矩阵；$|\boldsymbol{A}-\lambda\boldsymbol{E}|$ 是 λ 的 n 次多项式，记作 $f(\lambda)$，称为 $\boldsymbol{A}$ 的特征多项式；式(5.3)称为 $\boldsymbol{A}$ 的特征方程.

显然，$\boldsymbol{A}$ 的特征值就是 $\boldsymbol{A}$ 的特征方程的根，在复数范围内，n 阶方阵 $\boldsymbol{A}$ 有 n 个特征值(重根按重数计算).

分析特征方程易知，对于矩阵 $\boldsymbol{A}=[a_{ij}]_{n\times n}$ 的特征值 $\lambda_1,\lambda_2,\cdots,\lambda_n$，有

(1) $\lambda_1+\lambda_2+\cdots+\lambda_n=a_{11}+a_{22}+\cdots+a_{nn}$；

(2) $\lambda_1\lambda_2\cdots\lambda_n=|\boldsymbol{A}|$.

综上所述，求 n 阶方阵 $\boldsymbol{A}$ 的特征值与特征向量的步骤为：

(1) 求出 n 阶方阵 $\boldsymbol{A}$ 的特征多项式 $|\boldsymbol{A}-\lambda\boldsymbol{E}|$；

(2) 求出特征方程 $|\boldsymbol{A}-\lambda\boldsymbol{E}|=0$ 的全部根 $\lambda_1,\lambda_2,\cdots,\lambda_n$，即是 $\boldsymbol{A}$ 的全部特征值；

(3) 把每个特征值 λ_i 代入线性方程组 $(\boldsymbol{A}-\lambda\boldsymbol{E})\boldsymbol{X}=\boldsymbol{0}$，求出基础解系，就是 $\boldsymbol{A}$ 属于 λ_i 的特征向量，基础解系的线性组合(零向量除外)就是 $\boldsymbol{A}$ 属于 λ_i 的全部特征向量.

例 1 求矩阵 $\boldsymbol{A}=\begin{bmatrix} 2 & 1 & 1 \\ 1 & 2 & 1 \\ 1 & 1 & 2 \end{bmatrix}$ 的特征值和特征向量.

解 $\boldsymbol{A}$ 的特征多项式为

$$|\boldsymbol{A}-\lambda\boldsymbol{E}|=\begin{vmatrix} 2-\lambda & 1 & 1 \\ 1 & 2-\lambda & 1 \\ 1 & 1 & 2-\lambda \end{vmatrix}=(4-\lambda)(1-\lambda)^2$$

所以 $\boldsymbol{A}$ 的特征值为 $\lambda_1=4,\lambda_2=\lambda_3=1$.

当 $\lambda_1=4$ 时，解方程组 $(\boldsymbol{A}-4\boldsymbol{E})\boldsymbol{X}=\boldsymbol{0}$，由

$$\boldsymbol{A}-4\boldsymbol{E}=\begin{bmatrix} -2 & 1 & 1 \\ 1 & -2 & 1 \\ 1 & 1 & -2 \end{bmatrix}\to\begin{bmatrix} 1 & 1 & -2 \\ 0 & 1 & -1 \\ 0 & 0 & 0 \end{bmatrix}\to\begin{bmatrix} 1 & 0 & -1 \\ 0 & 1 & -1 \\ 0 & 0 & 0 \end{bmatrix}$$

得基础解系 $\boldsymbol{\xi}_1=\begin{bmatrix}1\\1\\1\end{bmatrix}$，所以 $k_1\boldsymbol{\xi}_1(k_1\neq 0$ 为常数$)$是对应于 $\lambda_1=4$ 的全部特征向量.

当 $\lambda_2=\lambda_3=1$ 时，解方程组$(\boldsymbol{A}-\boldsymbol{E})\boldsymbol{X}=\boldsymbol{0}$，由

$$\boldsymbol{A}-\boldsymbol{E}=\begin{bmatrix}1&1&1\\1&1&1\\1&1&1\end{bmatrix}\to\begin{bmatrix}1&1&1\\0&0&0\\0&0&0\end{bmatrix}$$

得基础解系 $\boldsymbol{\xi}_2=\begin{bmatrix}-1\\1\\0\end{bmatrix}$，$\boldsymbol{\xi}_3=\begin{bmatrix}-1\\0\\1\end{bmatrix}$. 所以 $k_2\boldsymbol{\xi}_2+k_3\boldsymbol{\xi}_3(k_2,k_3$ 是不同时为零的常数$)$是对应于 $\lambda_2=\lambda_3=1$ 的全部特征向量.

例 2 求矩阵 $\boldsymbol{A}=\begin{bmatrix}-1&1&0\\-4&3&0\\1&0&2\end{bmatrix}$ 的特征值和特征向量.

解 $\boldsymbol{A}$ 的特征多项式为

$$|\boldsymbol{A}-\lambda\boldsymbol{E}|=\begin{vmatrix}-1-\lambda&1&0\\-4&3-\lambda&0\\1&0&2-\lambda\end{vmatrix}=(2-\lambda)(1-\lambda)^2$$

所以 $\boldsymbol{A}$ 的特征值为 $\lambda_1=2,\lambda_2=\lambda_3=1$.

当 $\lambda_1=2$ 时，解方程组$(\boldsymbol{A}-2\boldsymbol{E})\boldsymbol{X}=\boldsymbol{0}$. 由

$$\boldsymbol{A}-2\boldsymbol{E}=\begin{bmatrix}-3&1&0\\-4&1&0\\1&0&0\end{bmatrix}\to\begin{bmatrix}1&0&0\\0&1&0\\0&0&0\end{bmatrix}$$

得基础解系 $\boldsymbol{\xi}_1=\begin{bmatrix}0\\0\\-1\end{bmatrix}$. 所以 $k_1\boldsymbol{\xi}_1(k_1\neq 0$ 为常数$)$是对应于 $\lambda_1=2$ 的全部特征向量.

当 $\lambda_2=\lambda_3=1$ 时，解方程组$(\boldsymbol{A}-\boldsymbol{E})\boldsymbol{X}=\boldsymbol{0}$. 由

$$\boldsymbol{A}-\boldsymbol{E}=\begin{bmatrix}-2&1&0\\-4&2&0\\1&0&1\end{bmatrix}\to\begin{bmatrix}1&0&1\\0&1&2\\0&0&0\end{bmatrix}$$

得基础解系 $\boldsymbol{\xi}_2=\begin{bmatrix}-1\\-2\\1\end{bmatrix}$. 所以 $k_2\boldsymbol{\xi}_2(k_2\neq 0$ 为常数$)$是对应于 $\lambda_2=\lambda_3=1$ 的全部特征向量.

例 3 设三阶实对称矩阵 $\boldsymbol{A}$ 的特征值为 6,3,3，与特征值 3 对应的特征向量为

$\boldsymbol{\alpha}_1=\begin{bmatrix}-1\\0\\1\end{bmatrix}$，$\boldsymbol{\alpha}_2=\begin{bmatrix}1\\-2\\1\end{bmatrix}$，求与特征值 6 对应的特征向量.

解 设与特征值 $\lambda=6$ 对应的特征向量为 $\boldsymbol{\alpha}_3=\begin{bmatrix}x_1\\x_2\\x_3\end{bmatrix}$，由于实对称阵不同特征值所对应的特征向量一定正交，故 $\boldsymbol{\alpha}_1^{\mathrm{T}}\boldsymbol{\alpha}_3=0$，$\boldsymbol{\alpha}_2^{\mathrm{T}}\boldsymbol{\alpha}_3=0$，即有

$$\begin{cases}-x_1 \qquad\quad +x_3=0\\ x_1-2x_2+x_3=0\end{cases}$$

解之得基础解系
$$\boldsymbol{\xi}=\begin{bmatrix}1\\1\\1\end{bmatrix}$$

所以取 $\boldsymbol{\alpha}_3=k\boldsymbol{\xi}$（$k\neq 0$ 为常数），即为矩阵 $\boldsymbol{A}$ 的与特征值 6 对应的特征向量.

由以上讨论可知，对于方阵 $\boldsymbol{A}$ 的每一个特征值，我们都可以求出其全部的特征向量. 但对于属于不同特征值的特征向量，它们之间存在什么关系呢？这一问题的讨论在矩阵对角化理论中有很重要的作用. 对此我们给出如下结论.

5.2.2 实对称矩阵的特征值、特征向量的性质

实矩阵的特征值与特征向量的性质：

(1)实矩阵的特征值未必是实数.

(2)当特征值为特征方程的 n 个互异根时，必有 n 个线性无关的特征向量.

(3)当特征值为特征方程的 r 重根时，未必有 r 个线性无关的特征向量($r\geqslant 2$).

实对称矩阵的特征值与特征向量的性质：

(1)实对称矩阵的特征值是实数.

(2)实对称矩阵对应于不同的特征值的特征向量必定正交.

(3)对应于实矩阵 $\boldsymbol{A}$ 的 k 重特征值 λ_i，一定有 k 个线性无关的特征向量，即方程组 $(\boldsymbol{A}-\lambda_i\boldsymbol{E})\boldsymbol{X}=\boldsymbol{0}$ 的基础解系恰好有 k 个解向量.

□ 习题 5.2

1. 判断下列命题是否正确？

(1)满足 $\boldsymbol{AX}=\lambda\boldsymbol{X}$ 的数 λ 和向量 $\boldsymbol{X}$ 是方阵 $\boldsymbol{A}$ 的特征值和特征向量；

(2)如果 $\boldsymbol{\alpha}_1,\boldsymbol{\alpha}_2,\cdots,\boldsymbol{\alpha}_m$ 是方阵 $\boldsymbol{A}$ 对应于特征值 λ 的特征向量，$k_1,k_2,\cdots,k_m$ 为任意实数，则 $k_1\boldsymbol{\alpha}_1+k_2\boldsymbol{\alpha}_2+\cdots+k_m\boldsymbol{\alpha}_m$ 也是 $\boldsymbol{A}$ 对应于 λ 的特征向量.

2. 求下列矩阵的特征值和特征向量

(1)$\boldsymbol{A}=\begin{bmatrix} 2 & -4 \\ -3 & 3 \end{bmatrix}$；　(2)$\boldsymbol{A}=\begin{bmatrix} 1 & -3 & 3 \\ 3 & -5 & 3 \\ 6 & -6 & 4 \end{bmatrix}$；　(3)$\boldsymbol{A}=\begin{bmatrix} 2 & -1 & 2 \\ 5 & -3 & 3 \\ -1 & 0 & -2 \end{bmatrix}$.

3. 设 $\lambda_1,\lambda_2,\lambda_3$ 是三阶可逆方阵 $\boldsymbol{A}$ 的特征值，求 $\boldsymbol{A}^{-1},\boldsymbol{A}^*,3\boldsymbol{A}-2\boldsymbol{E}$ 的特征值.

4. 已知 $\boldsymbol{\alpha}=\begin{bmatrix} 1 \\ k \\ 1 \end{bmatrix}$ 是 $\boldsymbol{A}=\begin{bmatrix} 2 & 1 & 1 \\ 1 & 2 & 1 \\ 1 & 1 & 2 \end{bmatrix}$ 的逆阵 $\boldsymbol{A}^{-1}$ 的特征向量，求 k.

5. 设三阶实对称矩阵 $\boldsymbol{A}$ 的特征值为 $-1,1,1$，与特征值 -1 对应的特征向量为 $\boldsymbol{\alpha}_1=\begin{bmatrix} 0 \\ 1 \\ 1 \end{bmatrix}$，求与特征值 1 对应的特征向量.

5.3 实对称矩阵的对角化

对角矩阵是最简单的一类矩阵，对于任一 n 阶方阵 $\boldsymbol{A}$，是否可将它化为对角矩阵，并保持 $\boldsymbol{A}$ 的许多原有性质，在理论和应用方面都具有重要意义.

5.3.1 相似矩阵

定义 1 设 $\boldsymbol{A},\boldsymbol{B}$ 都是 n 阶方阵，若有可逆矩阵 $\boldsymbol{P}$，使

$$\boldsymbol{P}^{-1}\boldsymbol{A}\boldsymbol{P}=\boldsymbol{B}$$

则称 $\boldsymbol{B}$ 是 $\boldsymbol{A}$ 的相似矩阵，或说矩阵 $\boldsymbol{A}$ 与 $\boldsymbol{B}$ 相似.

定理 1 若 $\boldsymbol{A}$ 与 $\boldsymbol{B}$ 相似，则 $\boldsymbol{A}$ 与 $\boldsymbol{B}$ 有相同的特征多项式，从而 $\boldsymbol{A}$ 与 $\boldsymbol{B}$ 的特征值也相同.

证明 因为 $\boldsymbol{A}$ 与 $\boldsymbol{B}$ 相似，即有可逆阵 $\boldsymbol{P}$，使 $\boldsymbol{P}^{-1}\boldsymbol{A}\boldsymbol{P}=\boldsymbol{B}$，故

$$\begin{aligned}|\boldsymbol{B}-\lambda\boldsymbol{E}|&=|\boldsymbol{P}^{-1}\boldsymbol{A}\boldsymbol{P}-\lambda\boldsymbol{E}|=|\boldsymbol{P}^{-1}(\boldsymbol{A}-\lambda\boldsymbol{E})\boldsymbol{P}|=|\boldsymbol{P}^{-1}|\,|\boldsymbol{A}-\lambda\boldsymbol{E}|\,|\boldsymbol{P}|\\&=|\boldsymbol{A}-\lambda\boldsymbol{E}|\end{aligned}$$

所以，$\boldsymbol{A}$ 与 $\boldsymbol{B}$ 有相同的特征多项式，从而有相同的特征值.

注 (1) $|\boldsymbol{B}|=|\boldsymbol{P}^{-1}\boldsymbol{A}\boldsymbol{P}|=|\boldsymbol{P}^{-1}|\,|\boldsymbol{A}|\,|\boldsymbol{P}|=|\boldsymbol{A}|$.

(2)$\boldsymbol{B}^m=(\boldsymbol{P}^{-1}\boldsymbol{A}\boldsymbol{P})^m=(\boldsymbol{P}^{-1}\boldsymbol{A}\boldsymbol{P})(\boldsymbol{P}^{-1}\boldsymbol{A}\boldsymbol{P})\cdots(\boldsymbol{P}^{-1}\boldsymbol{A}\boldsymbol{P})=\boldsymbol{P}^{-1}\boldsymbol{A}^m\boldsymbol{P}$，

所以 $\boldsymbol{A}^m$ 与 $\boldsymbol{B}^m$ 相似.

推论 若 n 阶矩阵 $\boldsymbol{A}$ 与对角阵

$$\boldsymbol{\Lambda}=\begin{bmatrix} \lambda_1 & & & \\ & \lambda_2 & & \\ & & \ddots & \\ & & & \lambda_n \end{bmatrix}$$

相似，则 $\lambda_1,\lambda_2,\cdots,\lambda_n$ 就是 $\boldsymbol{A}$ 的 n 个特征值.

证明 因为 $\lambda_1,\lambda_2,\cdots,\lambda_n$ 就是 $\boldsymbol{\Lambda}$ 的 n 个特征值，由定理 1 知，$\lambda_1,\lambda_2,\cdots,\lambda_n$ 就是 $\boldsymbol{A}$ 的 n 个特征值.

一个方阵具备什么样的条件才能与对角阵相似？这是一类很复杂的问题，我们对此不进行一般性的讨论，下面只讨论实对称矩阵对角化的问题.

5.3.2 实对称矩阵的对角化

如果 n 阶方阵 $\boldsymbol{A}$ 可以相似于一个 n 阶对角矩阵 $\boldsymbol{\Lambda}$，则称 $\boldsymbol{A}$ 可对角化. 如果方阵 $\boldsymbol{A}$ 能够对角化，则可以大大地简化许多运算过程. 但并不是每个矩阵都可对角化，即矩阵的对角化是有条件的，下面将从特征向量的角度来刻画矩阵可对角化的条件.

定理 2 设 $\boldsymbol{A}$ 为 n 阶实对称方阵，则必存在正交方阵 $\boldsymbol{P}$，使得

$$\boldsymbol{P}^{-1}\boldsymbol{AP}=\boldsymbol{\Lambda}$$

为对角阵，其中 $\boldsymbol{\Lambda}$ 以 $\boldsymbol{A}$ 的 n 个特征值为对角元素.

证明 设 $\lambda_1,\lambda_2,\cdots,\lambda_s$ 是 $\boldsymbol{A}$ 的互不相等的特征值，其重数分别为

$$r_1,r_2,\cdots,r_s\quad(r_1+r_2+\cdots+r_m=n)$$

由 5.2.2 实对称矩阵的性质(3)知，对应于实对称矩阵 $\boldsymbol{A}$ 的 r_i 重特征值 λ_i，恰好有 r_i 个线性无关的特征向量，把它们正交规范化，得到 r_i 个两两正交的单位特征向量，由 $r_1+r_2+\cdots+r_s=n$ 知，这样的特征向量共有 n 个，又由实对称矩阵的性质(2)知，对应于不同的特征值的特征向量是正交的，所以，以它们为列向量构成正交矩阵 $\boldsymbol{P}=[\boldsymbol{p}_1,\boldsymbol{p}_2,\cdots,\boldsymbol{p}_n]$，由于

$$\boldsymbol{AP}_k=\lambda_k\boldsymbol{P}_k\quad(k=1,2,\cdots,n),$$

即
$$\boldsymbol{A}[\boldsymbol{p}_1,\boldsymbol{p}_2,\cdots,\boldsymbol{p}_n]=[\boldsymbol{p}_1,\boldsymbol{p}_2,\cdots,\boldsymbol{p}_n]\boldsymbol{\Lambda}$$

$$\boldsymbol{AP}=\boldsymbol{P\Lambda}$$

于是
$$\boldsymbol{P}^{-1}\boldsymbol{AP}=\boldsymbol{\Lambda},$$

其中 $\boldsymbol{P}$ 为正交方阵，$\boldsymbol{\Lambda}$ 以 $\boldsymbol{A}$ 的 n 个特征值为对角元素.

通过以上讨论，我们把正交矩阵 $\boldsymbol{P}$ 的求法归纳如下：

1. 求出特征方程 $|\boldsymbol{A}-\lambda\boldsymbol{E}|=0$ 的所有不同的根 $\lambda_1,\lambda_2,\cdots,\lambda_m$，其中 λ_i 为 $\boldsymbol{A}$ 的 r_i 重特征值 $(i=1,2,\cdots,m)$；

2. 对每一特征值 λ_i，解齐次线性方程组 $(\boldsymbol{A}-\lambda_i\boldsymbol{E})\boldsymbol{X}=\boldsymbol{0}$，求得它的一个基础解系 $\boldsymbol{\alpha}_{i1},\boldsymbol{\alpha}_{i2},\cdots,\boldsymbol{\alpha}_{ir_i}\ (i=1,2,\cdots,m)$；

3. 利用施密特正交化方法，把 $\boldsymbol{\alpha}_{i1},\boldsymbol{\alpha}_{i2},\cdots,\boldsymbol{\alpha}_{ir_i}$ 正交化，然后单位化，得到正交单位向量组 $\boldsymbol{\beta}_{i1},\boldsymbol{\beta}_{i2},\cdots,\boldsymbol{\beta}_{ir_i}\ (i=1,2,\cdots,m)$；

4. 记 $\boldsymbol{P}=[\boldsymbol{\beta}_{11},\boldsymbol{\beta}_{12},\cdots,\boldsymbol{\beta}_{1r_1},\boldsymbol{\beta}_{21},\boldsymbol{\beta}_{22},\cdots,\boldsymbol{\beta}_{2r_2},\cdots,\boldsymbol{\beta}_{m1},\boldsymbol{\beta}_{m2},\cdots,\boldsymbol{\beta}_{mr_m}]$，则 $\boldsymbol{P}$ 为正交矩阵，使

$$\boldsymbol{P}^{-1}\boldsymbol{AP}=\boldsymbol{\Lambda}=\mathrm{diag}(\overbrace{\lambda_1,\cdots,\lambda_1}^{r_1},\overbrace{\lambda_2,\cdots,\lambda_2}^{r_2},\cdots,\overbrace{\lambda_m,\cdots,\lambda_m}^{r_m})$$

其中，矩阵 $\boldsymbol{\Lambda}$ 的主对角线元素 λ_i 的重数为 $r_i(i=1,2,\cdots,m)$，并且排列顺序与 $\boldsymbol{P}$ 中正交单位向量组的排列顺序相对应.

例 1 设 $\boldsymbol{A}=\begin{bmatrix}1&0&0\\0&2&1\\0&1&2\end{bmatrix}$，求一个正交矩阵 $\boldsymbol{P}$，使 $\boldsymbol{P}^{-1}\boldsymbol{A}\boldsymbol{P}=\boldsymbol{\Lambda}$ 为对角矩阵.

解 $\boldsymbol{A}$ 的特征方程为

$$|\boldsymbol{A}-\lambda\boldsymbol{E}|=\begin{vmatrix}1-\lambda&0&0\\0&2-\lambda&1\\0&1&2-\lambda\end{vmatrix}=(3-\lambda)(1-\lambda)^2$$

故 $\boldsymbol{A}$ 的特征值为 $\lambda_1=3,\lambda_2=\lambda_3=1$.

当 $\lambda_1=3$ 时，解方程组 $(\boldsymbol{A}-3\boldsymbol{E})\boldsymbol{X}=\boldsymbol{0}$ 得基础解系 $\boldsymbol{\xi}_1=\begin{bmatrix}0\\1\\1\end{bmatrix}$，将其单位化得 $\boldsymbol{\eta}_1=\frac{1}{\sqrt{2}}\begin{bmatrix}0\\1\\1\end{bmatrix}$.

当 $\lambda_2=\lambda_3=1$ 时，解方程组 $(\boldsymbol{A}-\boldsymbol{E})\boldsymbol{X}=\boldsymbol{0}$ 得基础解系 $\boldsymbol{\xi}_2=\begin{bmatrix}1\\0\\0\end{bmatrix}$，$\boldsymbol{\xi}_3=\begin{bmatrix}0\\1\\-1\end{bmatrix}$. 这两个向量已是正交的，故只需将其单位化，得 $\boldsymbol{\eta}_2=\begin{bmatrix}1\\0\\0\end{bmatrix}$，$\boldsymbol{\eta}_3=\frac{1}{\sqrt{2}}\begin{bmatrix}0\\1\\-1\end{bmatrix}$.

于是求得正交矩阵 $\boldsymbol{P}=[\boldsymbol{\eta}_1,\boldsymbol{\eta}_2,\boldsymbol{\eta}_3]=\begin{bmatrix}0&1&0\\\frac{1}{\sqrt{2}}&0&\frac{1}{\sqrt{2}}\\\frac{1}{\sqrt{2}}&0&-\frac{1}{\sqrt{2}}\end{bmatrix}$，使 $\boldsymbol{P}^{-1}\boldsymbol{A}\boldsymbol{P}=\begin{bmatrix}3&&\\&1&\\&&1\end{bmatrix}$.

值得注意的是，对于 $\boldsymbol{A}$ 的二重特征值 $\lambda_2=\lambda_3=1$，上面求得的 $\boldsymbol{\xi}_2,\boldsymbol{\xi}_3$ 碰巧是正交的，故不必正交化，只要单位化即可. 但如果求得的基础解系为

$$\boldsymbol{\xi}_2=\begin{bmatrix}1\\1\\-1\end{bmatrix},\boldsymbol{\xi}_3=\begin{bmatrix}0\\1\\-1\end{bmatrix},\boldsymbol{\xi}_2^{\mathrm{T}}\boldsymbol{\xi}_3\neq0$$

此时需先将 $\boldsymbol{\xi}_2,\boldsymbol{\xi}_3$ 正交化，取

$$\boldsymbol{\eta}_2=\boldsymbol{\xi}_2=\begin{bmatrix}1\\1\\-1\end{bmatrix},\boldsymbol{\eta}_3=\boldsymbol{\xi}_3-\frac{\boldsymbol{\eta}_2^{\mathrm{T}}\boldsymbol{\xi}_3}{\boldsymbol{\eta}_2^{\mathrm{T}}\boldsymbol{\eta}_2}\boldsymbol{\eta}_2=\frac{1}{3}\begin{bmatrix}-2\\1\\-1\end{bmatrix}$$

再单位化，得 $\boldsymbol{\zeta}_2=\frac{1}{\sqrt{3}}\begin{bmatrix}1\\1\\-1\end{bmatrix}$，$\boldsymbol{\zeta}_3=\frac{1}{\sqrt{6}}\begin{bmatrix}-2\\1\\-1\end{bmatrix}$.

于是又得正交矩阵 $\boldsymbol{P}=\begin{bmatrix} 0 & \frac{1}{\sqrt{3}} & -\frac{2}{\sqrt{6}} \\ \frac{1}{\sqrt{2}} & \frac{1}{\sqrt{3}} & \frac{1}{\sqrt{6}} \\ \frac{1}{\sqrt{2}} & -\frac{1}{\sqrt{3}} & -\frac{1}{\sqrt{6}} \end{bmatrix}$,使 $\boldsymbol{P}^{-1}\boldsymbol{AP}=\begin{bmatrix} 3 & & \\ & 1 & \\ & & 1 \end{bmatrix}$.

这也说明,定理 2 中的正交矩阵 $\boldsymbol{P}$ 是不唯一的.

习题 5.3

1. 设 n 阶方阵 $\boldsymbol{A}$ 与 $\boldsymbol{B}$ 相似,则(　　)

(A)$\boldsymbol{A}-\lambda\boldsymbol{E}=\boldsymbol{B}-\lambda\boldsymbol{E}$;

(B)$\boldsymbol{A}$ 与 $\boldsymbol{B}$ 有相同的特征值及特征向量;

(C)$\boldsymbol{A}$ 与 $\boldsymbol{B}$ 都相似于同一对角阵 $\boldsymbol{\Lambda}$;

(D)对任意常数 k,$\boldsymbol{A}-k\boldsymbol{E}$ 与 $\boldsymbol{B}-k\boldsymbol{E}$ 相似.

2. 设矩阵 $\boldsymbol{A}=\begin{bmatrix} 2 & 0 & 0 \\ 0 & 0 & 1 \\ 0 & 1 & x \end{bmatrix}$ 与 $\boldsymbol{B}=\begin{bmatrix} 2 & 0 & 0 \\ 0 & y & 0 \\ 0 & 0 & -1 \end{bmatrix}$ 相似.

(1)求 x,y;

(2)求一个可逆矩阵 $\boldsymbol{P}$,使 $\boldsymbol{P}^{-1}\boldsymbol{AP}=\boldsymbol{B}$.

3. 设 $\boldsymbol{A},\boldsymbol{B}$ 都是 n 阶方阵,且 $|\boldsymbol{A}|\neq 0$,证明 $\boldsymbol{AB}$ 与 $\boldsymbol{BA}$ 相似.

4. 设三阶方阵 $\boldsymbol{A}$ 的特征值为 $1,0,-1$,对应的特征向量依次为

$$\boldsymbol{\alpha}_1=\begin{bmatrix} 1 \\ 2 \\ 2 \end{bmatrix},\boldsymbol{\alpha}_2=\begin{bmatrix} 2 \\ -2 \\ 1 \end{bmatrix},\boldsymbol{\alpha}_3=\begin{bmatrix} -2 \\ -1 \\ 2 \end{bmatrix},求\ \boldsymbol{A}.$$

5. 设矩阵 $\boldsymbol{A}=\begin{bmatrix} 0 & 0 & 1 \\ x & 1 & y \\ 1 & 0 & 0 \end{bmatrix}$ 可对角化,求 x 和 y 应满足的条件.

6. 试求一个正交矩阵,将下列实对称矩阵化为对角矩阵:

(1) $\begin{bmatrix} 4 & 2 & 2 \\ 2 & 4 & 2 \\ 2 & 2 & 4 \end{bmatrix}$;　　(2) $\begin{bmatrix} 3 & -1 & 0 \\ -1 & 2 & -1 \\ 0 & -1 & 3 \end{bmatrix}$.

7. 设 $\boldsymbol{A},\boldsymbol{B}$ 是两个 n 阶实对称矩阵,证明 $\boldsymbol{A}$ 与 $\boldsymbol{B}$ 相似的充要条件是 $\boldsymbol{A}$ 与 $\boldsymbol{B}$ 有相同的特征值.

8. 设三阶实对称矩阵 $\boldsymbol{A}$ 的特征值为 $0,1,1$,$\boldsymbol{A}$ 的属于 0 的特征向量为 $\boldsymbol{\alpha}_1=\begin{bmatrix} 0 \\ 1 \\ 1 \end{bmatrix}$,求 $\boldsymbol{A}$.

5.4 二次型及其标准形

二次型作为一类特殊的多元函数,它是中学解析几何相关内容的一种推广.本节讨论在数学、物理、工程技术及经济管理中有重要应用的二次型的初步理论.

5.4.1 二次型与矩阵

定义 1 含有 n 个变量 $x_1,x_2,\cdots,x_n$ 的二次齐次函数

$$f(x_1,x_2,\cdots,x_n)=a_{11}x_1^2+a_{22}x_2^2+\cdots+a_{nn}x_n^2+2a_{12}x_1x_2+2a_{13}x_1x_3+\cdots+2a_{n-1,n}x_{n-1}x_n \tag{5.4}$$

称为二次型.当 a_{ij} 中有复数时,f 称为复二次型.当 a_{ij} 全为实数时,f 称为实二次型.我们仅讨论实二次型.

取 $a_{ji}=a_{ij}$,则 $2a_{ij}x_ix_j=a_{ij}x_ix_j+a_{ji}x_jx_i$,于是式(5.4)可写成

$$\begin{aligned}f&=a_{11}x_1^2+a_{12}x_1x_2+\cdots+a_{1n}x_1x_n+a_{21}x_2x_1+a_{22}x_2^2+\cdots\\&\quad+a_{2n}x_2x_n+\cdots+a_{n1}x_nx_1+a_{n2}x_nx_2+\cdots+a_{nn}x_n^2\\&=\sum_{i,j=1}^{n}a_{ij}x_ix_j\end{aligned} \tag{5.5}$$

记
$$\boldsymbol{A}=\begin{bmatrix}a_{11}&a_{12}&\cdots&a_{1n}\\a_{21}&a_{22}&\cdots&a_{2n}\\\vdots&\vdots&&\vdots\\a_{n1}&a_{n2}&\cdots&a_{nn}\end{bmatrix},\quad \boldsymbol{X}=\begin{bmatrix}x_1\\x_2\\\vdots\\x_n\end{bmatrix},$$

则二次型可记作

$$\begin{aligned}f&=x_1(a_{11}x_1+a_{12}x_2+\cdots+a_{1n}x_n)+x_2(a_{21}x_1+a_{22}x_2+\cdots+a_{2n}x_n)\\&\quad+\cdots+x_n(a_{n1}x_1+a_{n2}x_2+\cdots+a_{nn}x_n)\\&=[x_1,x_2,\cdots,x_n]\begin{bmatrix}a_{11}x_1+a_{12}x_2+\cdots+a_{1n}x_n\\a_{21}x_1+a_{22}x_2+\cdots+a_{2n}x_n\\\cdots\cdots\\a_{n1}x_1+a_{n2}x_2+\cdots+a_{nn}x_n\end{bmatrix}\\&=[x_1,x_2,\cdots,x_n]\begin{bmatrix}a_{11}&a_{12}&\cdots&a_{1n}\\a_{21}&a_{22}&\cdots&a_{2n}\\\vdots&\vdots&&\vdots\\a_{n1}&a_{n2}&\cdots&a_{nn}\end{bmatrix}\begin{bmatrix}x_1\\x_2\\\vdots\\x_n\end{bmatrix}=\boldsymbol{X}^{\mathrm{T}}\boldsymbol{A}\boldsymbol{X}\end{aligned} \tag{5.6}$$

其中 $\boldsymbol{A}$ 为对称矩阵.

例如 二次型 $f=x_1^2+4x_1x_2-2x_1x_3+x_3^2$ 用矩阵记号写出来就是

$$f=[x_1,x_2,x_3]\begin{bmatrix}1&2&-1\\2&0&0\\-1&0&1\end{bmatrix}\begin{bmatrix}x_1\\x_2\\x_3\end{bmatrix}.$$

任给一个二次型,就唯一地确定一个对称矩阵;反之,任给一个对称矩阵,也可唯一地确定一个二次型.这样,二次型与对称矩阵之间存在一一对应的关系.因此,我们把对称矩阵 $\boldsymbol{A}$ 称为二次型 f 的矩阵,也把 f 称为对称矩阵 $\boldsymbol{A}$ 的二次型.对称矩阵 $\boldsymbol{A}$ 的秩就称为二次型 f 的秩.

例 1 写出二次型 $f(x_1,x_2,x_3)=\boldsymbol{X}^{\mathrm{T}}\begin{bmatrix}2&3&-1\\1&-1&6\\-3&2&-1\end{bmatrix}\boldsymbol{X}$ 的矩阵.

解 由于 $\begin{bmatrix}2&3&-1\\1&-1&6\\-3&2&-1\end{bmatrix}$ 不是对称矩阵,故不是二次型 f 的矩阵,将二次型展开,得

$$\begin{aligned}f(x_1,x_2,x_3)&=[x_1,x_2,x_3]\begin{bmatrix}2&3&-1\\1&-1&6\\-3&2&-1\end{bmatrix}\begin{bmatrix}x_1\\x_2\\x_3\end{bmatrix}\\&=2x_1^2-x_2^2-x_3^2+4x_1x_2-4x_1x_3+8x_2x_3\\&=[x_1,x_2,x_3]\begin{bmatrix}2&2&-2\\2&-1&4\\-2&4&-1\end{bmatrix}\begin{bmatrix}x_1\\x_2\\x_3\end{bmatrix},\end{aligned}$$

所以 f 的矩阵为 $\boldsymbol{A}=\begin{bmatrix}2&2&-2\\2&-1&4\\-2&4&-1\end{bmatrix}$.

对于二次型,我们讨论的主要问题是:寻求可逆的线性变换

$$\begin{cases}x_1=c_{11}y_1+c_{12}y_2+\cdots+c_{1n}y_n\\x_2=c_{21}y_1+c_{22}y_2+\cdots+c_{2n}y_n\\\cdots\cdots\\x_n=c_{n1}y_1+c_{n2}y_2+\cdots+c_{nn}y_n\end{cases}\tag{5.7}$$

或

$$\boldsymbol{X}=\boldsymbol{C}\boldsymbol{Y}\tag{5.8}$$

使二次型只含变量的平方项,也就是用式(5.7)代入式(5.6),能使

$$f=d_1y_1^2+d_2y_2^2+\cdots+d_ny_n^2$$

这种只含变量平方项的二次型,称为二次型的标准形(或法式).

在式(5.8)中,当 $\boldsymbol{C}$ 是满秩矩阵时,称式(5.8)为满秩(线性)变换(或非退化变换).当 $\boldsymbol{C}$

是降秩矩阵时，称式(5.8)为降秩(线性)变换(或退化变换). 当 $\boldsymbol{C}$ 是正交矩阵时，称式(5.8)为正交变换.

如果对二次型 $f(x_1,x_2,\cdots,x_n)=\boldsymbol{X}^{\mathrm{T}}\boldsymbol{A}\boldsymbol{X}$ 进行满秩变换 $\boldsymbol{X}=\boldsymbol{C}\boldsymbol{Y}$，则

$f=\boldsymbol{X}^{\mathrm{T}}\boldsymbol{A}\boldsymbol{X}=(\boldsymbol{C}\boldsymbol{Y})^{\mathrm{T}}\boldsymbol{A}(\boldsymbol{C}\boldsymbol{Y})=\boldsymbol{Y}^{\mathrm{T}}(\boldsymbol{C}^{\mathrm{T}}\boldsymbol{A}\boldsymbol{C})\boldsymbol{Y}=\boldsymbol{Y}^{\mathrm{T}}\boldsymbol{B}\boldsymbol{Y}$，其中 $\boldsymbol{B}=\boldsymbol{C}^{\mathrm{T}}\boldsymbol{A}\boldsymbol{C}$ 是对称矩阵. 对 $\boldsymbol{A}$ 与 $\boldsymbol{B}$ 的这种关系，我们有如下定义.

定义 2 设 $\boldsymbol{A}$，$\boldsymbol{B}$ 为两个 n 阶方阵，如果存在可逆矩阵 $\boldsymbol{C}$，使 $\boldsymbol{B}=\boldsymbol{C}^{\mathrm{T}}\boldsymbol{A}\boldsymbol{C}$，则称矩阵 $\boldsymbol{A}$ 和 $\boldsymbol{B}$ 合同，或 $\boldsymbol{A}$ 合同于 $\boldsymbol{B}$.

定理 1 若矩阵 $\boldsymbol{A}$ 与 $\boldsymbol{B}$ 合同，则 $\boldsymbol{A}$ 与 $\boldsymbol{B}$ 等价，且 $R(\boldsymbol{A})=R(\boldsymbol{B})$.

另外，关于矩阵合同还有下述性质：

(1)自反性 任一 n 阶方阵 $\boldsymbol{A}$ 都与它自己合同.

这是因为，$\boldsymbol{E}^{\mathrm{T}}\boldsymbol{A}\boldsymbol{E}=\boldsymbol{A}$.

(2)对称性 如果方阵 $\boldsymbol{A}$ 与 $\boldsymbol{B}$ 合同，则 $\boldsymbol{B}$ 也与 $\boldsymbol{A}$ 合同.

这是因为，$\boldsymbol{B}=\boldsymbol{C}^{\mathrm{T}}\boldsymbol{A}\boldsymbol{C}$ 时，$\boldsymbol{A}=(\boldsymbol{C}^{\mathrm{T}})^{-1}\boldsymbol{B}\boldsymbol{C}^{-1}=(\boldsymbol{C}^{-1})^{\mathrm{T}}\boldsymbol{B}(\boldsymbol{C}^{-1})$.

(3)传递性 如果方阵 $\boldsymbol{A}$ 与 $\boldsymbol{B}$ 合同，$\boldsymbol{B}$ 与 $\boldsymbol{C}$ 合同，则 $\boldsymbol{A}$ 与 $\boldsymbol{C}$ 合同.

这是因为，$\boldsymbol{B}=\boldsymbol{C}_1^{\mathrm{T}}\boldsymbol{A}\boldsymbol{C}_1$，$\boldsymbol{C}=\boldsymbol{C}_2^{\mathrm{T}}\boldsymbol{B}\boldsymbol{C}_2$ 时，

$$\boldsymbol{C}=\boldsymbol{C}_2^{\mathrm{T}}(\boldsymbol{C}_1^{\mathrm{T}}\boldsymbol{A}\boldsymbol{C}_1)\boldsymbol{C}_2=(\boldsymbol{C}_1\boldsymbol{C}_2)^{\mathrm{T}}\boldsymbol{A}(\boldsymbol{C}_1\boldsymbol{C}_2)$$

5.4.2 用正交变换化二次型为标准形

由于二次型的矩阵是实对称矩阵，由 5.3 节知，实对称矩阵必可对角化. 于是有

定理 2 对于二次型 $f(x_1,x_2,\cdots,x_n)=\boldsymbol{X}^{\mathrm{T}}\boldsymbol{A}\boldsymbol{X}$，总有正交变换 $\boldsymbol{X}=\boldsymbol{P}\boldsymbol{Y}$，将 f 化为标准形

$$f=\lambda_1y_1^2+\lambda_2y_2^2+\cdots+\lambda_ny_n^2$$

其中 $\lambda_1,\lambda_2,\cdots,\lambda_n$ 是 f 的矩阵 $\boldsymbol{A}=(a_{ij})_{n\times n}$ 的特征值.

例 2 求一个正交变换 $\boldsymbol{X}=\boldsymbol{P}\boldsymbol{Y}$，化二次型

$$f=x_1^2-2x_2^2-2x_3^2-4x_1x_2+4x_1x_3+8x_2x_3$$

为标准形.

解 二次型 f 的矩阵为 $\boldsymbol{A}=\begin{bmatrix}1&-2&2\\-2&-2&4\\2&4&-2\end{bmatrix}$，

它的特征多项式为

$$|\boldsymbol{A}-\lambda\boldsymbol{E}|=\begin{vmatrix}1-\lambda&-2&2\\-2&-2-\lambda&4\\2&4&-2-\lambda\end{vmatrix}=-(\lambda+7)(\lambda-2)^2,$$

于是 $\boldsymbol{A}$ 的特征值为 $\lambda_1=-7$，$\lambda_2=\lambda_3=2$.

当 $\lambda_1=-7$ 时，解方程组 $(\boldsymbol{A}+7\boldsymbol{E})\boldsymbol{X}=\boldsymbol{0}$，由

$$\boldsymbol{A}+7\boldsymbol{E}=\begin{bmatrix}8&-2&2\\-2&5&4\\2&4&5\end{bmatrix}\to\begin{bmatrix}2&4&5\\0&9&9\\0&-18&-18\end{bmatrix}\to\begin{bmatrix}1&0&\frac{1}{2}\\0&1&1\\0&0&0\end{bmatrix}$$

得基础解系 $\boldsymbol{\xi}_1=\begin{bmatrix}1\\2\\-2\end{bmatrix}$，单位化得 $\boldsymbol{\eta}_1=\frac{1}{3}\begin{bmatrix}1\\2\\-2\end{bmatrix}$.

当 $\lambda_2=\lambda_3=2$ 时，解方程组 $(\boldsymbol{A}-2\boldsymbol{E})\boldsymbol{X}=\boldsymbol{0}$，由

$$\boldsymbol{A}-2\boldsymbol{E}=\begin{bmatrix}-1&-2&2\\-2&-4&4\\2&4&-4\end{bmatrix}\to\begin{bmatrix}1&2&-2\\0&0&0\\0&0&0\end{bmatrix}$$

得基础解系 $\boldsymbol{\xi}_2=\begin{bmatrix}-2\\1\\0\end{bmatrix}$，$\boldsymbol{\xi}_3=\begin{bmatrix}2\\0\\1\end{bmatrix}$.

将 $\boldsymbol{\xi}_2,\boldsymbol{\xi}_3$ 正交化，令 $\boldsymbol{\beta}_2=\boldsymbol{\xi}_2=\begin{bmatrix}-2\\1\\0\end{bmatrix}$，

$$\boldsymbol{\beta}_3=\boldsymbol{\xi}_3-\frac{\boldsymbol{\beta}_2^{\mathrm{T}}\boldsymbol{\xi}_3}{\boldsymbol{\beta}_2^{\mathrm{T}}\boldsymbol{\beta}_2}\boldsymbol{\beta}_2=\begin{bmatrix}2\\0\\1\end{bmatrix}+\frac{4}{5}\begin{bmatrix}-2\\1\\0\end{bmatrix}=\frac{1}{5}\begin{bmatrix}2\\4\\5\end{bmatrix}$$

再将 $\boldsymbol{\beta}_2,\boldsymbol{\beta}_3$ 单位化，令

$$\boldsymbol{\eta}_2=\frac{\boldsymbol{\beta}_2}{\|\boldsymbol{\beta}_2\|}=\frac{1}{\sqrt{5}}\begin{bmatrix}-2\\1\\0\end{bmatrix},\boldsymbol{\eta}_3=\frac{\boldsymbol{\beta}_3}{\|\boldsymbol{\beta}_3\|}=\frac{1}{3\sqrt{5}}\begin{bmatrix}2\\4\\5\end{bmatrix}.$$

于是所求的正交变换为

$$\boldsymbol{X}=\begin{bmatrix}\frac{1}{3}&-\frac{2}{\sqrt{5}}&\frac{2}{3\sqrt{5}}\\\frac{2}{3}&\frac{1}{\sqrt{5}}&\frac{4}{3\sqrt{5}}\\-\frac{2}{3}&0&\frac{\sqrt{5}}{3}\end{bmatrix}\boldsymbol{Y}$$

化二次型为标准形 $f=-7y_1^2+2y_2^2+2y_3^2$.

5.4.3 用配方法化二次型为标准形

对任意一个二次型 $f=\boldsymbol{X}^{\mathrm{T}}\boldsymbol{A}\boldsymbol{X}$，也可用配方法找到满秩变换 $\boldsymbol{X}=\boldsymbol{C}\boldsymbol{Y}$，化二次型 f 为标准

形.举例如下：

例 3 用配方法化二次型

$$f(x_1,x_2,x_3)=x_1^2+4x_1x_2-4x_1x_3+3x_2^2-6x_2x_3-x_3^2$$

为标准形,并求所用的变换矩阵.

解 先将含 x_1 的项配方,有

$$\begin{aligned}f(x_1,x_2,x_3)&=x_1^2+4x_1(x_2-x_3)+4(x_2-x_3)^2-4(x_2-x_3)^2+3x_2^2-6x_2x_3-x_3^2\\&=(x_1+2x_2-2x_3)^2-x_2^2+2x_2x_3-5x_3^2.\end{aligned}$$

再对后面含有的 x_2 项配方,有

$$f(x_1,x_2,x_3)=(x_1+2x_2-2x_3)^2-(x_2-x_3)^2-4x_3^2$$

$$令\begin{cases}y_1=x_1+2x_2-2x_3\\y_2=\qquad\quad x_2-\ x_3\\y_3=\qquad\qquad\quad x_3\end{cases},即\begin{bmatrix}y_1\\y_2\\y_3\end{bmatrix}=\begin{bmatrix}1&2&-2\\0&1&-1\\0&0&1\end{bmatrix}\begin{bmatrix}x_1\\x_2\\x_3\end{bmatrix}$$

所求的满秩变换为

$$\begin{bmatrix}x_1\\x_2\\x_3\end{bmatrix}=\begin{bmatrix}1&-2&0\\0&1&1\\0&0&1\end{bmatrix}\begin{bmatrix}y_1\\y_2\\y_3\end{bmatrix}$$

相应的变换矩阵为

$$\boldsymbol{C}=\begin{bmatrix}1&-2&0\\0&1&1\\0&0&1\end{bmatrix}$$

将原二次型化为标准形 $f=y_1^2-y_2^2-4y_3^2$.

例 4 用配方法化二次型

$$f(x_1,x_2,x_3)=2x_1x_2+2x_1x_3-6x_2x_3$$

为标准形,并求所用的满秩线性变换.

解 因为 f 中只有混合项,没有平方项,故要先作一个辅助变换使其出现平方项,然后按例 3 的方式进行配方.

$$令\begin{cases}x_1=y_1+y_2\\x_2=y_1-y_2\\x_3=\qquad\quad y_3\end{cases},即\begin{bmatrix}x_1\\x_2\\x_3\end{bmatrix}=\begin{bmatrix}1&1&0\\1&-1&0\\0&0&1\end{bmatrix}\begin{bmatrix}y_1\\y_2\\y_3\end{bmatrix},则原二次型化为$$

$$\begin{aligned}f&=2y_1^2-4y_1y_3-2y_2^2+8y_2y_3\\&=2(y_1-y_3)^2-2y_2^2-2y_3^2+8y_2y_3\\&=2(y_1-y_3)^2-2(y_2-2y_3)^2+6y_3^2\end{aligned}$$

再令 $\begin{cases} z_1 = y_1 \quad - y_3 \\ z_2 = \quad y_2 - 2y_3, \\ z_3 = \quad\quad y_3 \end{cases}$ 即 $\begin{bmatrix} z_1 \\ z_2 \\ z_3 \end{bmatrix} = \begin{bmatrix} 1 & 0 & -1 \\ 0 & 1 & -2 \\ 0 & 0 & 1 \end{bmatrix} \begin{bmatrix} y_1 \\ y_2 \\ y_3 \end{bmatrix}$

或

$$\begin{bmatrix} y_1 \\ y_2 \\ y_3 \end{bmatrix} = \begin{bmatrix} 1 & 0 & 1 \\ 0 & 1 & 2 \\ 0 & 0 & 1 \end{bmatrix} \begin{bmatrix} z_1 \\ z_2 \\ z_3 \end{bmatrix}$$

则原二次型化为标准形

$$f = 2z_1^2 - 2z_2^2 + 6z_3^2$$

所用的满秩线性变换为

$$\begin{bmatrix} x_1 \\ x_2 \\ x_3 \end{bmatrix} = \begin{bmatrix} 1 & 1 & 0 \\ 1 & -1 & 0 \\ 0 & 0 & 1 \end{bmatrix} \begin{bmatrix} y_1 \\ y_2 \\ y_3 \end{bmatrix} = \begin{bmatrix} 1 & 1 & 0 \\ 1 & -1 & 0 \\ 0 & 0 & 1 \end{bmatrix} \begin{bmatrix} 1 & 0 & 1 \\ 0 & 1 & 2 \\ 0 & 0 & 1 \end{bmatrix} \begin{bmatrix} z_1 \\ z_2 \\ z_3 \end{bmatrix}$$

$$= \begin{bmatrix} 1 & 1 & 3 \\ 1 & -1 & -1 \\ 0 & 0 & 1 \end{bmatrix} \begin{bmatrix} z_1 \\ z_2 \\ z_3 \end{bmatrix}$$

一般地，任何二次型都可用上面两例的类似方法，找到满秩线性变换，将其化为标准形，且在标准形中所含的项数，等于二次型的秩.

习题 5.4

1. 写出下列二次型 f 的矩阵 $\boldsymbol{A}$，并求二次型的秩：

(1) $f(x_1, x_2, x_3) = x_1^2 + 2x_2^2 - 3x_3^2 + 4x_1x_2 - 6x_2x_3$；

(2) $f(x, y, z) = [x, y, z] \begin{bmatrix} 2 & 1 & 3 \\ 1 & 3 & 2 \\ 7 & 4 & 5 \end{bmatrix} \begin{bmatrix} x \\ y \\ z \end{bmatrix}$.

2. 设 $\boldsymbol{A} = (a_{ij})_{m \times n}$，写出二次型

$$f(x_1, x_2, \cdots, x_n) = \sum_{i=1}^{m} (a_{i1}x_1 + a_{i2}x_2 + \cdots + a_{in}x_n)^2 \text{ 的矩阵.}$$

3. 写出下列实对称矩阵所对应的二次型：

(1) $\boldsymbol{A} = \begin{bmatrix} 0 & \frac{1}{2} & -1 & 0 \\ \frac{1}{2} & -1 & \frac{1}{2} & \frac{1}{2} \\ -1 & \frac{1}{2} & 0 & \frac{1}{2} \\ 0 & \frac{1}{2} & \frac{1}{2} & 1 \end{bmatrix}$； (2) $\boldsymbol{A} = \begin{bmatrix} 1 & -1 & 0 & \cdots & 0 & 0 \\ -1 & 1 & -1 & \cdots & 0 & 0 \\ \vdots & \vdots & \vdots & & \vdots & \vdots \\ 0 & 0 & 0 & \cdots & 0 & -1 \\ 0 & 0 & 0 & \cdots & -1 & 1 \end{bmatrix}_{(n \times n)}$.

4. 求正交变换 $\boldsymbol{X}=\boldsymbol{PY}$，将下列二次型化为标准形：

(1) $f=2x_1^2+x_2^2-4x_1x_2-4x_2x_3$；

(2) $f=x_1^2+4x_2^2+4x_3^2-4x_1x_2+4x_1x_3-8x_2x_3$.

5. 用配方法化下列二次型为标准形，并写出相应的满秩变换矩阵 $\boldsymbol{C}$：

(1) $f=2x_2^2-x_3^2+4x_1x_2-4x_1x_3-4x_2x_3$；

(2) $f=2x_1x_2+4x_1x_3$.

5.5 正定二次型

5.5.1 惯性定律

定理 1 设实二次型 $f=\boldsymbol{X}^{\mathrm{T}}\boldsymbol{AX}$ 的秩为 r，有两个实满秩变换

$$\boldsymbol{X}=\boldsymbol{CY} \text{ 及 } \boldsymbol{X}=\boldsymbol{PZ}$$

使

$$f=k_1y_1^2+\cdots+k_py_p^2-k_{p+1}y_{p+1}^2-\cdots-k_ry_r^2\ (k_i>0,i=1,2,\cdots,r) \tag{5.9}$$

及

$$f=\lambda_1z_1^2+\cdots+\lambda_qz_q^2-\lambda_{q+1}z_{q+1}^2-\cdots-\lambda_rz_r^2\ (\lambda_i>0,i=1,2,\cdots,r)$$

则 $p=q$，且称 p 为二次型 f（或矩阵 $\boldsymbol{A}$）的正惯性指数，$r-p$ 为二次型 f（或矩阵 $\boldsymbol{A}$）的负惯性指数.

这个定理称为惯性定理，这里不予证明.

对二次型 f 的标准形式(5.9)再作满秩变换

$$\begin{bmatrix} y_1 \\ \vdots \\ y_r \\ y_{r+1} \\ \vdots \\ y_n \end{bmatrix}=\begin{bmatrix} \frac{1}{\sqrt{k_1}} & & & & & \\ & \ddots & & & & \\ & & \frac{1}{\sqrt{k_r}} & & & \\ & & & 1 & & \\ & & & & \ddots & \\ & & & & & 1 \end{bmatrix}\begin{bmatrix} t_1 \\ \vdots \\ t_r \\ t_{r+1} \\ \vdots \\ t_n \end{bmatrix}$$

则有

$$f=t_1^2+\cdots+t_p^2-t_{p+1}^2-\cdots-t_r^2 \tag{5.10}$$

称之为二次型 f 的规范形.

容易证明，任一实二次型 $f=\boldsymbol{X}^{\mathrm{T}}\boldsymbol{AX}$ 都可以经过满秩变换 $\boldsymbol{X}=\boldsymbol{CY}$ 化为规范形，且规范形唯一. 因而，对任一实对称矩阵 $\boldsymbol{A}$，都存在满秩矩阵 $\boldsymbol{C}$，使

$$C^{\mathrm{T}}AC=\begin{bmatrix}1&&&&&&&&\\&\ddots&&&&&&&\\&&1&&&&&&\\&&&-1&&&&&\\&&&&\ddots&&&&\\&&&&&-1&&&\\&&&&&&0&&\\&&&&&&&\ddots&\\&&&&&&&&0\end{bmatrix}=\boldsymbol{\Lambda}$$

称 $\boldsymbol{\Lambda}$ 为矩阵 $\boldsymbol{A}$ 的(合同)规范形. 于是有

定理 2 实对称矩阵 $\boldsymbol{A}$ 与 $\boldsymbol{B}$ 合同的充分必要条件是 $\boldsymbol{A}$ 与 $\boldsymbol{B}$ 有相同的规范形.

5.5.2 正定二次型

根据二次型的标准形和规范形,将二次型进行分类在理论上具有重要意义,在工程技术和最优化等问题中有着广泛应用. 其中,最常用的是二次型的标准形系数全为正或全为负的情形.

定义 1 设实二次型 $f(\boldsymbol{X})=f(x_1,x_2,\cdots,x_n)=\boldsymbol{X}^{\mathrm{T}}\boldsymbol{A}\boldsymbol{X}$,如果对任何 $\boldsymbol{X}\neq\boldsymbol{0}$,都有 $f(\boldsymbol{X})>0$(显然 $f(\boldsymbol{0})=0$),则称 f 为正定二次型,并称对称矩阵 $\boldsymbol{A}$ 是正定的,记作 $\boldsymbol{A}>0$;如果对任何 $\boldsymbol{X}\neq\boldsymbol{0}$,都有 $f(\boldsymbol{X})<0$,则称 f 为负定二次型,并称对称矩阵 $\boldsymbol{A}$ 是负定的,记作 $\boldsymbol{A}<0$;若二次型 f 既能取正值,又能取负值,则称 f 为不定二次型.

例 1 二次型 $f(x_1,x_2,\cdots,x_n)=x_1^2+x_2^2+\cdots+x_n^2$ 是正定二次型;

二次型 $f(x_1,x_2,\cdots,x_n)=-x_1^2-x_2^2-\cdots-x_n^2$ 是负定二次型;

而二次型 $f(x_1,x_2,\cdots,x_n)=x_1^2+x_2^2+\cdots+x_r^2\,(r<n)$ 是不定二次型. 这是因为,对

$$\boldsymbol{X}=\begin{bmatrix}0\\\vdots\\0\\1\end{bmatrix}\neq\boldsymbol{0},\text{有 } f(x_1,x_2,\cdots,x_n)=x_1^2+x_2^2+\cdots+x_r^2=0.$$

一般地,判断二次型的正定性除了可以用定义外,还有下述重要结论.

定理 3 若 $\boldsymbol{A}$ 是 n 阶实对称矩阵,则下列命题等价:

(1)$f=\boldsymbol{X}^{\mathrm{T}}\boldsymbol{A}\boldsymbol{X}$ 是正定二次型(或 $\boldsymbol{A}$ 是正定矩阵);

(2)$\boldsymbol{A}$ 的 n 个特征值全为正;

(3)f 的标准形的 n 个系数全为正;

(4)f 的正惯性指数为 n;

(5)$\boldsymbol{A}$ 与单位矩阵 $\boldsymbol{E}$ 合同;

(6)存在可逆矩阵 $\boldsymbol{P}$,使 $\boldsymbol{A}=\boldsymbol{P}^{\mathrm{T}}\boldsymbol{P}$;

(7)(霍尔维茨定理)$\boldsymbol{A}$ 的各阶顺序主子式都为正,即

$$a_{11}>0,\begin{vmatrix} a_{11} & a_{12} \\ a_{21} & a_{22} \end{vmatrix}>0,\cdots,\begin{vmatrix} a_{11} & \cdots & a_{1n} \\ \vdots & & \vdots \\ a_{n1} & \cdots & a_{nn} \end{vmatrix}>0.$$

证明 (1)⇒(2)由实二次型的性质知,存在正交变换 $\boldsymbol{X}=\boldsymbol{PY}$,化二次型 $f=\boldsymbol{X}^{\mathrm{T}}\boldsymbol{AX}$ 为标准形 $f=\lambda_1 y_1^2+\lambda_2 y_2^2+\cdots+\lambda_n y_n^2$,其中 $\lambda_1,\lambda_2,\cdots,\lambda_n$ 为 $\boldsymbol{A}$ 的特征值.

分别取 $\boldsymbol{Y}=\begin{bmatrix} 1 \\ 0 \\ \vdots \\ 0 \end{bmatrix},\begin{bmatrix} 0 \\ 1 \\ \vdots \\ 0 \end{bmatrix},\cdots,\begin{bmatrix} 0 \\ 0 \\ \vdots \\ 1 \end{bmatrix}$,使 $f=\lambda_1,\lambda_2,\cdots,\lambda_n$.

又由二次型的正定性可知,$\lambda_i>0,i=1,2,\cdots,n$.

(2)⇒(3)⇒(4)⇒(5)显然.

(5)⇒(6)因为 $\boldsymbol{A}$ 与 $\boldsymbol{E}$ 合同,故存在可逆矩阵 $\boldsymbol{C}$ 使

$$\boldsymbol{C}^{\mathrm{T}}\boldsymbol{AC}=\boldsymbol{E},\text{即 }\boldsymbol{A}=(\boldsymbol{C}^{\mathrm{T}})^{-1}\boldsymbol{E}\boldsymbol{C}^{-1}=(\boldsymbol{C}^{-1})^{\mathrm{T}}\boldsymbol{C}^{-1}$$

取 $\boldsymbol{P}=\boldsymbol{C}^{-1}$ 即可.

(6)⇒(1)对任意 $\boldsymbol{X}\neq\boldsymbol{0}$,有 $\boldsymbol{PX}\neq\boldsymbol{0}$,于是

$$\boldsymbol{X}^{\mathrm{T}}\boldsymbol{AX}=\boldsymbol{X}^{\mathrm{T}}\boldsymbol{P}^{\mathrm{T}}\boldsymbol{PX}=(\boldsymbol{PX})^{\mathrm{T}}(\boldsymbol{PX})>0$$

等价条件(7)在此不予证明.

例 2 设二次型

$$f(x_1,x_2,x_3)=x_1^2+x_2^2+5x_3^2+2tx_1x_2-2x_1x_3+4x_2x_3$$

试问 t 为何值时,该二次型为正定二次型.

解 该二次型的矩阵为

$$\boldsymbol{A}=\begin{bmatrix} 1 & t & -1 \\ t & 1 & 2 \\ -1 & 2 & 5 \end{bmatrix}$$

由定理 3 可知,要 $\boldsymbol{A}$ 为正定矩阵,则

$$a_{11}=1>0,\begin{vmatrix} 1 & t \\ t & 1 \end{vmatrix}=1-t^2>0,\begin{vmatrix} 1 & t & -1 \\ t & 1 & 2 \\ -1 & 2 & 5 \end{vmatrix}=-5t^2-4t>0$$

解之得 $-\frac{4}{5}<t<0$,即当 $-\frac{4}{5}<t<0$ 时,该二次型为正定二次型.

与判断正定二次型类似地有

定理 4 若 $\boldsymbol{A}$ 是 n 阶实对称矩阵,则下列命题等价：

(1) $f=\boldsymbol{X}^{\mathrm{T}}\boldsymbol{A}\boldsymbol{X}$ 是负定二次型(或 $\boldsymbol{A}$ 是负定矩阵)；

(2) $\boldsymbol{A}$ 的 n 个特征值全为负；

(3) f 的标准形的 n 个系数全为负；

(4) f 的负惯性指数为 n；

(5) $\boldsymbol{A}$ 与负单位矩阵 $-\boldsymbol{E}$ 合同；

(6)存在可逆矩阵 $\boldsymbol{P}$,使 $\boldsymbol{A}=-\boldsymbol{P}^{\mathrm{T}}\boldsymbol{P}$；

(7) $\boldsymbol{A}$ 的各阶顺序主子式中,奇数阶顺序主子式为负,偶数阶顺序主子式为正,即

$$(-1)^r\begin{vmatrix} a_{11} & \cdots & a_{1r} \\ \vdots & & \vdots \\ a_{r1} & \cdots & a_{rr} \end{vmatrix}>0 \quad (r=1,2,\cdots,n)$$

证明留给读者.

习题 5.5

1. 判别下列矩阵的正定性：

(1) $\begin{bmatrix} 1 & 1 & 1 \\ 1 & 2 & 2 \\ 1 & 2 & 3 \end{bmatrix}$；　(2) $\begin{bmatrix} -1 & 1 & 0 \\ 1 & -2 & 1 \\ 0 & 1 & -3 \end{bmatrix}$；　(3) $\begin{bmatrix} 2 & -1 & 0 \\ -1 & 2 & -1 \\ 0 & -1 & 2 \end{bmatrix}$.

2. 判别下列二次型的正定性：

(1) $f(x_1,x_2,x_3)=-2x_1^2-6x_2^2-4x_3^2+2x_1x_2+2x_1x_3$；

(2) $f(x_1,x_2,x_3)=x_1^2+2x_2^2+3x_3^2+2x_1x_2-4x_2x_3$；

(3) $f(x_1,x_2,x_3,x_4)=x_1^2+3x_2^2+9x_3^2+19x_4^2-2x_1x_2+4x_1x_3+2x_1x_4-6x_2x_4-12x_3x_4$.

3. 问 t 为何值时,二次型 $f=2x_1^2+x_2^2+3x_3^2+2tx_1x_2+2x_1x_3$ 是正定二次型.

4. 问 t 为何值时,二次型 $f=-x_1^2-x_2^2-5x_3^2+2tx_1x_2-2x_1x_3+4x_2x_3$ 是负定二次型.

相似矩阵与二次型的 Matlab 实验*

例 1 若 n 阶方阵的第一行元素和第一列元素都为 1,其余位置处的元素是该位置的左边元素与该位置上一行对应位置元素之和,则称此矩阵为 n 阶帕斯卡矩阵,试求 5 阶帕斯卡矩阵的特征值与特征向量.

解 >>A=pascal(5)

运行结果:

```
A=
     1     1     1     1     1
     1     2     3     4     5
     1     3     6    10    15
     1     4    10    20    35
     1     5    15    35    70

>> [P,Q]=eig(A)
```

运行结果：

```
P=
    0.1680   -0.5706   -0.7660    0.2429    0.0175
   -0.5517    0.5587   -0.3830    0.4808    0.0749
    0.7025   -0.2529    0.1642    0.6110    0.2055
   -0.4071   -0.5179    0.4377    0.4130    0.4515
    0.0900    0.1734   -0.2189   -0.4074    0.8649


Q=
    0.0108         0         0         0         0
         0    0.1812         0         0         0
         0         0    1.0000         0         0
         0         0         0    5.5175         0
         0         0         0         0   92.2904
```

由此得到矩阵 $\boldsymbol{A}$ 的特征值与对应各特征值的特征向量分别为

$\lambda_1=0.0108$，特征向量为$[0.1680,-0.5517,0.7025,-0.4071,0.0900]$，

$\lambda_2=0.1812$，特征向量为$[-0.5706,0.5587,0.2529,-0.5179,0.1734]$，

$\lambda_3=1.0000$，特征向量为$[-0.7660,-0.3830,0.1642,0.4377,-0.2189]$，

$\lambda_4=5.5175$，特征向量为$[0.2429,0.4808,0.6110,0.4130,-0.4074]$，

$\lambda_5=92.2904$，特征向量为$[0.0175,0.0749,0.2055,0.4515,0.8649]$.

例 2　用正交变换将二次型 $f(x_1,x_2,x_3,x_4)=x_1^2+2x_1x_2+x_2^2-x_3^2+4x_3x_4-x_4^2$ 化成标准形.

解　二次型的矩阵为

$$\boldsymbol{A}=\begin{bmatrix}1&1&0&0\\1&1&0&0\\0&0&-1&2\\0&0&2&-1\end{bmatrix}，若令 \boldsymbol{X}=\begin{bmatrix}x_1\\x_2\\x_3\\x_4\end{bmatrix}，则二次型的矩阵表示为 f(x_1,x_2,x_3,x_4)=\boldsymbol{X}^{\mathrm{T}}\boldsymbol{A}\boldsymbol{X}$$

利用 Matlab 转化过程如下

```
>>A=[1 1 0 0;1 1 0 0;0 0 -1 2;0 0 2 -1];
>>[U,S]=schur(A)
```

运行结果：

```
U=

        0   -0.7071         0    0.7071
        0    0.7071         0    0.7071
   0.7071         0    0.7071         0
  -0.7071         0    0.7071         0


S=

       -3         0         0         0
        0         0         0         0
        0         0         1         0
        0         0         0         2
```

容易验证 $\boldsymbol{U}^{\mathrm{T}}\boldsymbol{U}=\boldsymbol{E}$，即 $\boldsymbol{U}$ 为正交矩阵，令 $\boldsymbol{X}=\boldsymbol{UY}$，其中 $\boldsymbol{Y}=\begin{bmatrix}y_1\\y_2\\y_3\end{bmatrix}$，代入 $f(x_1,x_2,x_3,x_4)=\boldsymbol{X}^{\mathrm{T}}\boldsymbol{AX}$ 得原二次型的标准形为 $-3y_1^2+y_3^2+2y_4^2$.

例 3 常染色体遗传中，后代从每个亲体的基因对中各继承一个基因，形成自己的基因对，基因对也称为基因型. 如果我们所考虑的遗传特征是由两个基因 A 和 a 控制的，那么就有三种基因对，记为 AA，Aa，aa. 假设农场的植物园中某种植物的基因型为 AA，Aa 和 aa，农场计划采用 AA 型的植物与每种基因型植物相结合的方案培育植物后代，表 5-1 是该植物双亲体基因型所有可能的结合，以及其后代形成每种基因型的概率.

表 5-1 基因结合的概率

		父体-母体的基因型					
		AA-AA	*AA-Aa*	*AA-aa*	*Aa-Aa*	*Aa-aa*	*aa-aa*
后代基因型	*AA*	1	1/2	0	1/4	0	0
	Aa	0	1/2	1	1/2	1/2	0
	aa	0	0	0	1/4	1/2	1

经过若干年后，这种植物的任一代的三种基因型分布如何？

解：设 a_n,b_n,c_n 分别表示第 n 代植物中基因为 AA，Aa 和 aa 的植物占植物总数的百分率，$\boldsymbol{X}^{(n)}=[a_n,b_n,c_n]^{\mathrm{T}}$ 为第 n 代植物的基因型分布，则

$$a_n=1\cdot a_{n-1}+\frac{1}{2}b_{n-1}+0\cdot c_{n-1},$$

$$b_n=\frac{1}{2}b_{n-1}+c_{n-1},$$

$c_n=0$,

初始条件为 $a_0+b_0+c_0=1$.

将以上三式写成矩阵形式有

$$\boldsymbol{M}=\begin{bmatrix}1 & \frac{1}{2} & 0\\ 1 & \frac{1}{2} & 1\\ 0 & 0 & 0\end{bmatrix}$$,则得下列递推公式

$\boldsymbol{X}^{(n)}=\boldsymbol{M}\boldsymbol{X}^{(n-1)}, n=1,2,\cdots$,从而有

$$\boldsymbol{X}^{(n)}=\boldsymbol{M}\boldsymbol{X}^{(n-1)}=\boldsymbol{M}^2\boldsymbol{X}^{(n-2)}=\cdots=\boldsymbol{M}^n\boldsymbol{X}^{(0)}$$

计算 $\boldsymbol{X}^{(n)}$ 的关键是计算 $\boldsymbol{M}^n$,为计算 $\boldsymbol{M}^n$,需要将 $\boldsymbol{M}^n$ 对角化,即求正交矩阵 $\boldsymbol{P}$,使 $\boldsymbol{P}^{-1}\boldsymbol{M}\boldsymbol{P}=\boldsymbol{D}$,其中 $\boldsymbol{D}$ 为对角阵,之后再对 $\boldsymbol{X}^{(n)}$ 取极限得到结果,利用 Matlab 求解过程如下:

```
>>clear all
>>syms n a0 b0 c0
>>M=sym('[1 1/2 0;0 1/2 1;0 0 0]');
>>[P,D]=eig(sym(M));
>>Mn=P * D^n * inv(P)
>>xn=Mn * [a0;b0;c0]
```

运行结果:

```
xn=
a0-c0 * (2 * (1/2)^n-1)-b0 * ((1/2)^n-1)
                 (1/2)^n * b0+2 * (1/2)^n * c0
                                             0
```

代入初始条件,即得

$$\begin{cases}a_n=1-\left(\frac{1}{2}\right)^n b_0-\left(\frac{1}{2}\right)^{n-1}c_0,\\ b_n=\left(\frac{1}{2}\right)^n b_0+\left(\frac{1}{2}\right)^{n-1}c_0,\\ c_n=0.\end{cases}$$

上式取极限,即当 $n\to\infty$ 时,$a_n\to1, b_n\to0, c_n\to0$,所培育的植物最终都是 AA 型.

□ 自测题五

一、填空题

1. 设 $\boldsymbol{A}$ 是三阶矩阵,且 $|\boldsymbol{A}|=|2\boldsymbol{A}+\boldsymbol{E}|=|\boldsymbol{A}-\boldsymbol{E}|=0$,则 $|\boldsymbol{A}-5\boldsymbol{E}|=$________.

2. 设 $\boldsymbol{A}$ 是三阶矩阵,已知 $\boldsymbol{A}^{-1}$ 有特征值 1,2,3,A_{ij} 是 $|\boldsymbol{A}|$ 中元素 a_{ij} 的代数余子式,$A_{11}+A_{22}+A_{33}=$________.

3. 设二次型 $f(x_1,x_2,x_3)=[x_1,x_2,x_3]\begin{bmatrix}1&2&3\\0&1&2\\1&0&3\end{bmatrix}\begin{bmatrix}x_1\\x_2\\x_3\end{bmatrix}$，则二次型对应的矩阵是________________________.

4. 设 $\boldsymbol{A}=\begin{bmatrix}a&b\\c&d\end{bmatrix}$ 是正交矩阵，则 $ac+bd=$________.

5. 实二次型 $f(x_1,x_2,x_3,x_4)=-x_1^2+2x_2^2+3x_3^2-2x_4^2$ 的秩为________，正惯性指标为________，负惯性指标为________，符号差为________.

二、选择题

1. 设 $\boldsymbol{A}$ 和 $\boldsymbol{B}$ 是同阶可逆矩阵，则(　　).

(A) $\boldsymbol{AB}=\boldsymbol{BA}$；　(B) 存在可逆矩阵 $\boldsymbol{P}$，使 $\boldsymbol{P}^{-1}\boldsymbol{AP}=\boldsymbol{B}$；

(C) 存在可逆矩阵 $\boldsymbol{C}$，使 $\boldsymbol{C}^{\mathrm{T}}\boldsymbol{AC}=\boldsymbol{B}$；　(D) 存在可逆矩阵 $\boldsymbol{P}$ 和 $\boldsymbol{Q}$，使 $\boldsymbol{PAQ}=\boldsymbol{B}$.

2. n 阶方阵 $\boldsymbol{A}$ 有 n 个互异特征值是 $\boldsymbol{A}$ 与对角阵相似的(　　).

(A) 充分但非必要条件；　(B) 必要但非充分条件；

(C) 充分必要条件；　(D) 既不充分也不必要条件.

3. 如果(　　)，则 $\boldsymbol{A}$ 与 $\boldsymbol{B}$ 相似.

(A) $|\boldsymbol{A}|=|\boldsymbol{B}|$；　(B) $R(\boldsymbol{A})=R(\boldsymbol{B})$；

(C) $\boldsymbol{A}$ 与 $\boldsymbol{B}$ 有相同的特征多项式；　(D) $\boldsymbol{A}$ 与 $\boldsymbol{B}$ 有相同的特征值，且特征值互不相同.

4. n 阶实对称矩阵 $\boldsymbol{A}$ 正定的充分必要条件是(　　).

(A) $|\boldsymbol{A}|>0$；　(B) $\boldsymbol{A}$ 的负惯性指数为零；

(C) $\boldsymbol{A}^2$ 正定；　(D) 存在 n 阶可逆方阵 $\boldsymbol{C}$，使得 $\boldsymbol{A}=\boldsymbol{C}^{\mathrm{T}}\boldsymbol{C}$.

5. 矩阵(　　)合同于 $\begin{bmatrix}-2&0&0\\0&\frac{1}{2}&0\\0&0&5\end{bmatrix}$.

(A) $\begin{bmatrix}1&0&0\\0&1&0\\0&0&-1\end{bmatrix}$；　(B) $\begin{bmatrix}3&0&0\\0&2&0\\0&0&0\end{bmatrix}$；

(C) $\begin{bmatrix}-1&0&0\\0&-1&0\\0&0&1\end{bmatrix}$；　(D) $\begin{bmatrix}2&0&0\\0&2&0\\0&0&1\end{bmatrix}$.

三、计算题

1. 求下列矩阵的特征值和特征向量：

(1) $\begin{bmatrix}2&-1&2\\5&-3&3\\-1&0&-2\end{bmatrix}$；　(2) $\begin{bmatrix}1&2&2\\2&1&2\\2&2&1\end{bmatrix}$.

2. 设有三阶矩阵 $\boldsymbol{A}=\begin{bmatrix}2&0&0\\0&0&1\\0&1&0\end{bmatrix}$，$\boldsymbol{B}=\begin{bmatrix}1&0&0\\0&-1&0\\0&-6&2\end{bmatrix}$，试判断 $\boldsymbol{A}$，$\boldsymbol{B}$ 是否相似？若相似，求

出可逆矩阵 $\boldsymbol{P}$,使得 $\boldsymbol{P}^{-1}\boldsymbol{AP}=\boldsymbol{B}$.

3.设矩阵 $\boldsymbol{A}=\begin{bmatrix}2&0&1\\3&1&x\\4&0&5\end{bmatrix}$可相似对角化,求 x.

4.计算 $\boldsymbol{A}^n$,其中 $\boldsymbol{A}=\begin{bmatrix}2&-1\\-1&2\end{bmatrix}$.

5.已知二次型 $f=x_1^2+x_2^2+x_3^2+2ax_1x_2+2bx_2x_3+2x_1x_3$ 通过正交变换化为标准形 $y_2^2+2y_3^2$,试求常数 a,b 的值.

四、证明题

1.设 λ_1,λ_2 为 n 阶方阵 $\boldsymbol{A}$ 的两个不同特征值,且 $\lambda_1\neq\lambda_2$,而 x_1,x_2 分别为对应的特征向量,证明:x_1+x_2 不是 $\boldsymbol{A}$ 的特征向量.

2.设 $\boldsymbol{X}$ 为 n 维列向量,$\boldsymbol{X}^{\mathrm{T}}\boldsymbol{X}=1$,令 $\boldsymbol{H}=\boldsymbol{E}-2\boldsymbol{XX}^{\mathrm{T}}$,证明:$\boldsymbol{H}$ 为对称正交矩阵.

3.设 $\boldsymbol{A}$ 为 n 阶实对称矩阵,$f(x)=x^3-6x^2+11x-6$,且 $f(\boldsymbol{A})=0$,证明:$\boldsymbol{A}$ 为正定矩阵.

习题答案

Answers

第 1 章

习题 1.1

1.(1)5；　(2)3；　(3)10；　(4)$\frac{n(n-1)}{2}$；　(5)$n(n-1)$；　(6)$\frac{n(n-1)}{2}$.

2.(1)不是；　(2)不是；　(3)是,“$-$”；　(4)是,“$+$”.

3.(1)7；　(2)-4；　(3)5；　(4)$3abc-a^3-b^3-c^3$.

4.(1)$x_1=\frac{33}{9},x_2=-\frac{4}{9}$；　(2)$x_1=\frac{13}{28},x_2=\frac{47}{28},x_3=\frac{21}{28}$.

5.(1)$x=3\pm\sqrt{21}$；　(2)$x=0$ 或 $x=2$.

6.(1)$(a_1b_2-a_2b_1)(c_1d_2-c_2d_1)$；　(2)$(-1)^{n+1}n!$.

习题 1.2

1.(1)$-58\ 800$；(2)$(a-b)^3$；(3)$-2(a^3+b^3)$；(4)$4abcdef$；(5)4.

2. 略.

3.-30.

习题 1.3

1.(1)-8；　(2)$a_1x^{n-1}+a_2x^{n-2}+\cdots+a_{n-1}x+a_n$；

(3)$(b-a)(c-a)(d-a)(c-b)(d-b)(d-c)$；　(4)$1+(-1)^{n+1}a_1a_2\cdots a_{n-1}a_n$.

2. $M_{14}=b^3c-bc^3,A_{14}=bc^3-b^3c,D=aA_{14}=a(bc^3-b^3c)$.

3.$x=-2$ 或 $x=3$.

4. 1.

习题 1.4

1.(1)$x_1=x_2=x_3=0$；(2)$x_1=2$, $x_2=-2$, $x_3=3$；

(3)$x_1=-\frac{33}{4}$, $x_2=-\frac{21}{4}$, $x_3=-6$, $x_4=-\frac{1}{4}$；(4)$x_1=1,x_2=x_3=x_4=0$.

自测题一

一、1. -10；　2. 24；　3. 0；　4. -54；　5. $\frac{1}{6}$；　6. -4.

二、1.(B)；　2.(D)；　3.(C)；　4.(B)；　5.(A)；　6.(B).

三、(1) -8；　(2) $-3(1-x^2)(4-x^2)$；　(3) $\frac{n(n+1)}{2}$；　(4) $4a_1a_2a_3$；

(5) $\left(x_1-\sum_{i=2}^{n}\frac{a_i(a_1-x_1)}{x_i-a_i}\right)\prod_{i=2}^{n}(x_i-a_i)$；　(6) -170.

四、0.

五、略.

六、(1) 0；　(2) 0.

七、$f(x)=2x^3-5x^2+7$.

八、$\lambda=0$ 或 $\lambda=2$ 或 $\lambda=3$.

第 2 章

习题 2.1

产品＼厂家	第一炼油厂	第二炼油厂	第三炼油厂
燃料油	64	32	32
柴油	32	80	32
汽油	16	40	80

习题 2.2

1. 行列式是数，而矩阵是数据表.

2. $x=2, y=0, z=0$.

3. (1) $\boldsymbol{A}+\boldsymbol{B}=\begin{bmatrix}2 & 2 & -2\\ 5 & 5 & 3\\ 0 & 2 & 7\end{bmatrix}$；　(2) $2\boldsymbol{C}+\boldsymbol{D}=\begin{bmatrix}2 & 19\\ 2 & -8\\ -4 & 1\end{bmatrix}$；

(3) 无意义，不是同型矩阵.

4. (1) 2；　(2) $\begin{bmatrix}2 & 1 & 1\\ 2 & 1 & 1\\ -2 & -1 & -1\end{bmatrix}$；

(3) $x^2+2y^2+z^2-2xy+6yz$.

5. (1) $\begin{bmatrix}2 & 4 & 2\\ 4 & 0 & 0\\ 0 & 2 & 4\end{bmatrix}$；　(2) $\begin{bmatrix}-4 & -8 & 0\\ -3 & -11 & 7\\ -8 & -12 & -16\end{bmatrix}$；

(3) $\begin{bmatrix}0 & -4 & 0\\ 2 & -14 & 6\\ -11 & -11 & -17\end{bmatrix}$；　(4) $\begin{bmatrix}4 & 4 & 0\\ 5 & -3 & -1\\ -3 & 1 & -1\end{bmatrix}$.

6.(1) $\begin{bmatrix} a_1 & a_2 & a_3 \\ a_3 & a_1 & a_2 \\ a_2 & a_3 & a_1 \end{bmatrix}$，$a_1,a_2,a_3$ 为任意实数；

(2) $\begin{bmatrix} a_1 & 0 & 0 \\ 0 & b_2 & 0 \\ 0 & 0 & c_3 \end{bmatrix}$，$a_1,b_2,c_3$ 为任意实数；

7.(1) $\begin{bmatrix} 7 & 3 & 4 \\ 9 & 4 & 3 \\ 0 & 0 & 4 \end{bmatrix}$；　　(2) $\begin{bmatrix} 1 & n \\ 0 & 1 \end{bmatrix}$；

(3) $\begin{bmatrix} \cos n\varphi & -\sin n\varphi \\ \sin n\varphi & \cos n\varphi \end{bmatrix}$；　　(4) $\begin{bmatrix} \lambda^n & n\lambda^{n-1} & \frac{n(n-1)}{2}\lambda^{n-2} \\ 0 & \lambda^n & n\lambda^{n-1} \\ 0 & 0 & \lambda^n \end{bmatrix}$.

8.(1)×；　(2)×；　(3)×；　(4)×；　(5)√；　(6)√；　(7)×.

9. 略.

10. 略.

习题 2.3

1.(1) $\begin{bmatrix} 5 & -2 \\ -2 & 1 \end{bmatrix}$；　　(2) $\begin{bmatrix} \cos\theta & \sin\theta \\ -\sin\theta & \cos\theta \end{bmatrix}$；

(3) $\begin{bmatrix} 1 & 3 & -2 \\ -\frac{3}{2} & -3 & \frac{5}{2} \\ 1 & 1 & -1 \end{bmatrix}$；　　(4) $\begin{bmatrix} 1 & -1 & 1 & -1 \\ 0 & 1 & -1 & 1 \\ 0 & 0 & 1 & -1 \\ 0 & 0 & 0 & 1 \end{bmatrix}$.

2.(1)$\boldsymbol{B}=\begin{bmatrix} 8 & 3 \\ -3 & -1 \end{bmatrix}$；　　(2)$\boldsymbol{X}=\frac{1}{6}\begin{bmatrix} 6 & 2 \\ -6 & -1 \\ -18 & -5 \end{bmatrix}$；

(3)$\boldsymbol{A}=\begin{bmatrix} 1 & -3 & 3 \\ 0 & 1 & -2 \end{bmatrix}$.

3. 略.

4. 略.

5.(1)$\boldsymbol{A}^{-1}=(\boldsymbol{A}+\boldsymbol{E})^2$；　　(2)$(\boldsymbol{A}+\boldsymbol{E})^{-1}=\frac{1}{2}(\boldsymbol{A}-2\boldsymbol{E})$.

6. $\boldsymbol{X}=\frac{1}{2}[1\quad -3\quad 4]$.

7. $\boldsymbol{B}=\begin{bmatrix} 5 & -2 & -2 \\ 4 & -3 & -2 \\ -2 & 2 & 3 \end{bmatrix}$.

8. 略.

习题 2.4

1. (1) $\boldsymbol{AB}=\begin{bmatrix}1&0&3&2\\-1&2&0&1\\-2&4&1&1\\-1&1&5&3\end{bmatrix}$; (2) $\begin{bmatrix}5&-1&2&3\\5&0&9&1\\-2&-5&0&0\\0&-4&0&0\end{bmatrix}$.

2. (1) $\begin{bmatrix}4&12&0&0\\-20&-4&0&0\\0&0&13&0\\0&0&-26&-13\end{bmatrix}$;

(2) $\boldsymbol{A}^{-1}=\begin{bmatrix}1&-2&0&0\\-2&5&0&0\\0&0&2&-3\\0&0&-5&8\end{bmatrix}$, $\boldsymbol{B}^{-1}=\begin{bmatrix}\frac{5}{7}&-\frac{2}{7}&0&0\\-\frac{4}{7}&\frac{3}{7}&0&0\\0&0&1&-\frac{1}{2}\\0&0&-3&2\end{bmatrix}$,

$\boldsymbol{C}^{-1}=\begin{bmatrix}\cos\theta&-\sin\theta&0&0&0\\\sin\theta&\cos\theta&0&0&0\\0&0&1&-a&a^2-b\\0&0&0&1&-a\\0&0&0&0&1\end{bmatrix}$.

3. 100^{2k}, $\begin{bmatrix}5^{2k}&0&0&0\\0&5^{2k}&0&0\\0&0&4^k&k4^{k+1}\\0&0&0&4^k\end{bmatrix}$.

4. 当 m 为偶数时, $\boldsymbol{A}^m=\boldsymbol{E}_{2n}$, 当 m 为奇数时, $\boldsymbol{A}^m=\boldsymbol{A}$.

自测题二

一、1. $\boldsymbol{A}$ 与 $\boldsymbol{B}$ 可交换; 2. -8; 3. $\frac{1}{2}\boldsymbol{A}$;

4. $\boldsymbol{A}^{-1}=\begin{bmatrix}\frac{2}{5}&-\frac{1}{5}&0&0\\\frac{3}{10}&\frac{1}{10}&0&0\\0&0&\frac{1}{2}&-\frac{1}{8}\\0&0&0&\frac{1}{4}\end{bmatrix}$, $(\boldsymbol{A}^*)^{-1}=\frac{1}{80}\begin{bmatrix}1&2&0&0\\-3&4&0&0\\0&0&2&1\\0&0&0&4\end{bmatrix}$.

二、1. (D); 2. (B); 3. (B); 4. (D); 5. (B).

三、(1) $\begin{bmatrix} 1 & n & \frac{n(n-1)}{2} \\ 0 & 1 & n \\ 0 & 0 & 1 \end{bmatrix}$；　(2) $\begin{bmatrix} a^n & c_n^1 a^{n-1} & c_n^2 a^{n-2} & c_n^3 a^{n-3} \\ 0 & a^n & c_n^1 a^{n-1} & c_n^2 a^{n-3} \\ 0 & 0 & a^n & c_n^1 a^{n-1} \\ 0 & 0 & 0 & a^n \end{bmatrix}$.

四、$\boldsymbol{A}=\begin{bmatrix} a & -\frac{a^2}{b} \\ b & -a \end{bmatrix}$，$a,b$ 为任意数及 $\boldsymbol{A}=\begin{bmatrix} 0 & 0 \\ 0 & 0 \end{bmatrix}$.

五、略.

六、$\boldsymbol{A}^{-1}=\begin{bmatrix} \boldsymbol{O} & \boldsymbol{C}^{-1} \\ \boldsymbol{B}^{-1} & \boldsymbol{O} \end{bmatrix}$.

第 3 章

习题 3.1

1. (1) $[3,-6,6,-11]$；　(2) $[-5,10,0,15]$.
2. $[14,-5,16]$.

习题 3.2

1. (1) $\boldsymbol{\alpha}_1,\boldsymbol{\alpha}_2,\boldsymbol{\alpha}_3$ 线性相关；　(2) $\boldsymbol{\alpha}_1,\boldsymbol{\alpha}_2,\boldsymbol{\alpha}_3,\boldsymbol{\alpha}_4$ 线性相关.
2. $k\neq-2$ 且 $k\neq1$.
3. 略.

习题 3.3

1. 略.
2. 略.

习题 3.4

1. 矩阵 $\boldsymbol{A}$ 的秩为 3，其列向量组的一个极大线性无关组为 $[6,4,1,-1]^{\mathrm{T}}$，$[1,0,2,3]^{\mathrm{T}}$，$[7,1,0,-1]^{\mathrm{T}}$.
2. 向量组的秩为 2，$\boldsymbol{\alpha}_1,\boldsymbol{\alpha}_2$ 为向量组 $\boldsymbol{\alpha}_1,\boldsymbol{\alpha}_2,\boldsymbol{\alpha}_3$ 的一个极大线性无关组.
3. $k=-1$.

习题 3.5

1. $\boldsymbol{R}_{23}(-1)\boldsymbol{R}_{13}(-3)\boldsymbol{R}_{12}(-2)\boldsymbol{R}_{12}\boldsymbol{A}\boldsymbol{C}_{13}(-1)\boldsymbol{C}_{23}(3)=\boldsymbol{G}$.
2. $\boldsymbol{A}^{-1}=\begin{bmatrix} -\frac{2}{3} & \frac{1}{3} & -\frac{1}{3} \\ \frac{5}{3} & -\frac{4}{3} & \frac{7}{3} \\ -1 & 1 & -1 \end{bmatrix}$.

自测题三

一、1. 2；

2. $\frac{1}{3}[1,-9,13]$；

3. $c=-2$ 或 $c=1$；

4. 无关；

5. 2，$\boldsymbol{\alpha}_1$，$\boldsymbol{\alpha}_2$.

二、1. (B)；

2. (D)；

3. (D)；

4. (C)；

5. (C).

三、1. 线性相关；

2. 线性无关；

3. 线性相关.

四、$t=0$ 时 $\boldsymbol{\beta}_1,\boldsymbol{\beta}_2,\boldsymbol{\beta}_3$ 线性相关；$t\neq 0$ 时 $\boldsymbol{\beta}_1,\boldsymbol{\beta}_2,\boldsymbol{\beta}_3$ 线性无关.

五、(1) 当 $a=0$ 或 $a=-10$ 时，$\boldsymbol{\alpha}_1,\boldsymbol{\alpha}_2,\boldsymbol{\alpha}_3,\boldsymbol{\alpha}_4$ 线性相关；

(2) $a=0$ 时，$R(\boldsymbol{\alpha}_1,\boldsymbol{\alpha}_2,\boldsymbol{\alpha}_3,\boldsymbol{\alpha}_4)=1$，极大无关组为 $\boldsymbol{\alpha}_1$，

$a=-10$ 时，$R(\boldsymbol{\alpha}_1,\boldsymbol{\alpha}_2,\boldsymbol{\alpha}_3,\boldsymbol{\alpha}_4)=3$，极大无关组为 $\boldsymbol{\alpha}_1,\boldsymbol{\alpha}_2,\boldsymbol{\alpha}_3$.

六、略.

七、略.

八、略.

九、$|\boldsymbol{A}|=-1$.

十、略.

十一、略.

十二、1. 当 $a=0$，$b\in\mathbf{R}$ 时，$\boldsymbol{\beta}$ 不能由 $\boldsymbol{\alpha}_1,\boldsymbol{\alpha}_2,\boldsymbol{\alpha}_3$ 线性表示；

2. 当 $a\neq 0$ 且 $a\neq b$，$\boldsymbol{\beta}$ 可由 $\boldsymbol{\alpha}_1,\boldsymbol{\alpha}_2,\boldsymbol{\alpha}_3$ 唯一地线性表示；

3. 当 $a=b\neq 0$ 时，$\boldsymbol{\beta}$ 可由 $\boldsymbol{\alpha}_1,\boldsymbol{\alpha}_2,\boldsymbol{\alpha}_3$ 线性表示，但表达式不唯一. 其表达式为 $\boldsymbol{\beta}=\left(1-\frac{1}{a}\right)\boldsymbol{\alpha}_1+\left(\frac{1}{a}+k\right)\boldsymbol{\alpha}_2+k\boldsymbol{\alpha}_3$.

第 4 章

习题 4.1

1. (1) $\boldsymbol{\xi}_1=\begin{bmatrix}2\\1\\0\\0\end{bmatrix}$，$\boldsymbol{\xi}_2=\begin{bmatrix}\frac{2}{7}\\0\\-\frac{5}{7}\\1\end{bmatrix}$； (2) $\boldsymbol{\xi}_1=\begin{bmatrix}1\\1\\1\\1\\0\\0\end{bmatrix}$，$\boldsymbol{\xi}_2=\begin{bmatrix}-1\\-1\\0\\0\\1\\1\end{bmatrix}$； (3) $\boldsymbol{\xi}=\begin{bmatrix}4\\-9\\4\\3\end{bmatrix}$；

(4) $\boldsymbol{\xi}_1=\begin{bmatrix}-2\\1\\0\\0\end{bmatrix}$，$\boldsymbol{\xi}_2=\begin{bmatrix}1\\0\\0\\1\end{bmatrix}$； (5) $\begin{bmatrix}x_1\\x_2\\x_3\\x_4\end{bmatrix}=\begin{bmatrix}0\\0\\0\\0\end{bmatrix}$，无基础解系；

(6) $\boldsymbol{\xi}_1=\begin{bmatrix}3\\19\\17\\0\end{bmatrix}$, $\boldsymbol{\xi}_2=\begin{bmatrix}-13\\-20\\0\\17\end{bmatrix}$.

2. 略.

3. 是.

4. $\boldsymbol{\alpha}_1=[1,-2,1,0,0]$,$\boldsymbol{\alpha}_2=[1,-2,0,1,0]$是最大线性无关组,

$\boldsymbol{\alpha}_5=[5,-6,0,0,1]$,于是 $\boldsymbol{\alpha}_1^{\mathrm{T}},\boldsymbol{\alpha}_2^{\mathrm{T}},\boldsymbol{\alpha}_5^{\mathrm{T}}$ 构成方程组的一个基础解系.

5. 略.

习题 4.2

1. (1)方程组无解; (2) $\begin{bmatrix}x\\y\\z\end{bmatrix}=k\begin{bmatrix}-2\\1\\1\end{bmatrix}+\begin{bmatrix}-1\\2\\0\end{bmatrix}$ $(k\in\mathbf{R})$;

(3) $\begin{bmatrix}x\\y\\z\\w\end{bmatrix}=k_1\begin{bmatrix}1\\2\\0\\0\end{bmatrix}+k_2\begin{bmatrix}0\\1\\1\\0\end{bmatrix}+\begin{bmatrix}0\\1\\0\\0\end{bmatrix}$ $(k_1,k_2\in\mathbf{R})$;

(4) $\begin{bmatrix}x\\y\\z\\w\end{bmatrix}=k_1\begin{bmatrix}1\\5\\7\\0\end{bmatrix}+k_2\begin{bmatrix}1\\-9\\0\\7\end{bmatrix}+\frac{1}{7}\begin{bmatrix}6\\-5\\0\\0\end{bmatrix}$ $(k_1,k_2\in\mathbf{R})$.

2. 当 $\lambda=1$ 时,方程组解为 $\begin{bmatrix}x_1\\x_2\\x_3\end{bmatrix}=k_1\begin{bmatrix}1\\1\\1\end{bmatrix}+\begin{bmatrix}1\\0\\0\end{bmatrix}$ $(k_1\in\mathbf{R})$;

当 $\lambda=-2$ 时,方程组解为 $\begin{bmatrix}x_1\\x_2\\x_3\end{bmatrix}=k_2\begin{bmatrix}1\\1\\1\end{bmatrix}+\begin{bmatrix}2\\2\\0\end{bmatrix}$ $(k_2\in\mathbf{R})$.

3. 当 $\frac{(1-\lambda)(10-\lambda)}{2}\neq0$,即 $\lambda\neq1$ 且 $\lambda\neq10$ 时,方程组有唯一解.

当 $\frac{(1-\lambda)(10-\lambda)}{2}=0$ 且 $\frac{(1-\lambda)(4-\lambda)}{2}\neq0$,即 $\lambda=10$ 时,方程组无解.

当 $\frac{(1-\lambda)(10-\lambda)}{2}=0$ 且 $\frac{(1-\lambda)(4-\lambda)}{2}=0$,即 $\lambda=1$ 时,方程组有无穷多解.

$\begin{bmatrix}x_1\\x_2\\x_3\end{bmatrix}=k_1\begin{bmatrix}-2\\1\\0\end{bmatrix}+k_2\begin{bmatrix}2\\0\\1\end{bmatrix}+\begin{bmatrix}1\\0\\0\end{bmatrix}$ $(k_1,k_2\in\mathbf{R})$.

4. $k\begin{bmatrix}3\\4\\5\\6\end{bmatrix}+\begin{bmatrix}2\\3\\4\\5\end{bmatrix}\quad(k\in\mathbf{R})$.

5. 略.

6. 略.

7. 略.

自测题四

一、1. n 个线性无关的 n 维向量；

2. $\boldsymbol{AX}=\mathbf{0}$ 只有零解；

3. $k_1+k_2+\cdots k_s=1$；

4. $\lambda\neq1$；

5. $\boldsymbol{A}=[-1,1,1]$；

6. $k=1$；

7. $\begin{cases}a=-2\\b=3\end{cases}$；

8. $\boldsymbol{\xi}=k\begin{bmatrix}-1\\1\\2\end{bmatrix}+\begin{bmatrix}1\\0\\-1\end{bmatrix}$；

9. $n-r$；

10. $\boldsymbol{\xi}=\begin{bmatrix}1\\0\\\vdots\\0\end{bmatrix}+k_1\begin{bmatrix}1\\-\frac{1}{2}\\\vdots\\0\end{bmatrix}+\cdots+k_{n-1}\begin{bmatrix}1\\0\\\vdots\\-\frac{1}{n}\end{bmatrix}$.

二、1. (D)；　2. (D)；　3. (D)；　4. (B)；　5. (B)；　6. (C)；　7. (C)；
8. (A)；　9. (A)；　10. (A)

三、

1. 通解为 $\boldsymbol{\xi}=k_1\begin{bmatrix}2\\1\\0\\0\end{bmatrix}+k_2\begin{bmatrix}2\\0\\-5\\7\end{bmatrix}+\begin{bmatrix}\frac{6}{7}\\0\\-\frac{1}{7}\\0\end{bmatrix}\quad(k_1,k_2\in\mathbf{R})$.

2. 当 $\lambda=-2$ 时，$R(\boldsymbol{A})=2$，$R(\boldsymbol{B})=3$，方程组无解；
当 $\lambda\neq1,-2$ 时，$R(\boldsymbol{A})=R(\boldsymbol{B})=3$，方程组有唯一解；
当 $\lambda=1$ 时，$R(\boldsymbol{A})=R(\boldsymbol{B})=1$，方程组有无穷多组解，通解为

$$\boldsymbol{\xi}=k_1\begin{bmatrix}-1\\1\\0\end{bmatrix}+k_2\begin{bmatrix}0\\0\\1\end{bmatrix}+\begin{bmatrix}-2\\0\\0\end{bmatrix}\quad(k_1,k_2\in\mathbf{R}).$$

3.(1)当 $\lambda\neq0$ 且 $\lambda\neq-3$ 时，$R(\boldsymbol{A})=R(\boldsymbol{B})=3$，方程组有唯一解，即 $\boldsymbol{\beta}$ 可由 $\boldsymbol{\alpha}_1,\boldsymbol{\alpha}_2,\boldsymbol{\alpha}_3$ 线性表示，且表达式唯一；

(2)当 $\lambda=0$ 时，$R(\boldsymbol{A})=R(\boldsymbol{B})=1$，方程组有无穷多组解，即 $\boldsymbol{\beta}$ 可由 $\boldsymbol{\alpha}_1,\boldsymbol{\alpha}_2,\boldsymbol{\alpha}_3$ 线性表示，且表达式不唯一；

(3)当 $\lambda=-3$ 时，$R(\boldsymbol{A})=2,R(\boldsymbol{B})=3$，方程组无解，即 $\boldsymbol{\beta}$ 不能由 $\boldsymbol{\alpha}_1,\boldsymbol{\alpha}_2,\boldsymbol{\alpha}_3$ 线性表示.

4. $\boldsymbol{\xi}=k_1\boldsymbol{\xi}_1+\boldsymbol{\eta}^*=k_1\begin{bmatrix}0\\1\\-1\\-1\end{bmatrix}+\begin{bmatrix}\frac{1}{2}\\\frac{1}{2}\\0\\1\end{bmatrix}\quad(k\in\mathbf{R}).$

5.(1) $\boldsymbol{\xi}_1=\begin{bmatrix}-1\\1\\0\\1\end{bmatrix},\boldsymbol{\xi}_2=\begin{bmatrix}0\\0\\1\\0\end{bmatrix}$

(2)公共解为 $k[-1,1,1,1]^{\mathrm{T}}\quad(k\in\mathbf{R})$.

四、1. $\lambda=1$；略.

2. 略.

3. 略.

第 5 章

习题 5.1

1.(1) $\boldsymbol{\beta}_1=\boldsymbol{\alpha}_1=\begin{bmatrix}1\\1\\1\end{bmatrix},\quad\boldsymbol{\beta}_2=\begin{bmatrix}-1\\0\\1\end{bmatrix},\quad\boldsymbol{\beta}_3=\frac{1}{3}\begin{bmatrix}1\\-2\\1\end{bmatrix}$；

(2) $\boldsymbol{\beta}_1=\boldsymbol{\alpha}_1=\begin{bmatrix}1\\0\\-1\\1\end{bmatrix},\quad\boldsymbol{\beta}_2=\frac{1}{3}\begin{bmatrix}1\\-3\\2\\1\end{bmatrix},\quad\boldsymbol{\beta}_3=\frac{1}{27}\begin{bmatrix}-7\\24\\11\\19\end{bmatrix}$.

2. (1)不是；　(2)是.

3. 见例 2.

4. 略.

习题 5.2

1. (1)错；　(2)错.

2.(1)$\boldsymbol{A}$ 的特征值为 $\lambda_1=-1,\lambda_2=6$.

对于 $\lambda_1=-1$,特征向量为

$$P_1=k_1\begin{bmatrix}4\\1\end{bmatrix},\ k_1\neq 0.$$

对于 $\lambda_2=6$,特征向量为

$$P_2=k_2\begin{bmatrix}-1\\1\end{bmatrix},\ k_2\neq 0;$$

(2)A 的特征值为 $\lambda_1=\lambda_2=-2,\lambda_3=4$.

对于 $\lambda_1=\lambda_2=-2$,特征向量为

$$P_1=k_1\begin{bmatrix}1\\1\\0\end{bmatrix}+k_2\begin{bmatrix}0\\1\\1\end{bmatrix},\ k_1^2+k_2^2\neq 0$$

对于 $\lambda_3=4$,特征向量为

$$P_2=k_3\begin{bmatrix}1\\1\\2\end{bmatrix},\ k_3\neq 0;$$

(3)A 的特征值为 $\lambda_1=\lambda_2=\lambda_3=-1$.

对于 $\lambda_1=\lambda_2=\lambda_3=-1$,特征向量为 $P=\begin{bmatrix}1\\1\\-1\end{bmatrix}$, $k\neq 0$.

3. A^{-1}的特征值为$\frac{1}{\lambda_1},\frac{1}{\lambda_2},\frac{1}{\lambda_3}$; A^* 的特征值为 $\lambda_2\lambda_3,\lambda_1\lambda_3,\lambda_1\lambda_2$;$3A-2E$ 的特征值为 $3\lambda_1-2$, $3\lambda_2-2$, $3\lambda_3-2$.

4. $k=1$ 或-2.

5. $\xi_1=\begin{bmatrix}1\\0\\0\end{bmatrix}$, $\xi_2=\begin{bmatrix}0\\1\\-1\end{bmatrix}$

$\alpha=k_1\xi_1+k_2\xi_2$, $k_1^2+k_2^2\neq 0$,是对应于 $\lambda=1$ 的特征向量.

习题 5.3

1. (C).

2. (1)$x=0$, $y=1$;

(2)$P=\begin{bmatrix}1&0&0\\0&1&1\\0&1&-1\end{bmatrix}$.

3. 略.

4. $\boldsymbol{A}=\frac{1}{3}\begin{bmatrix}-1 & 0 & 2\\ 0 & 1 & 2\\ 2 & 2 & 0\end{bmatrix}$.

5. $x+y=0$.

6. (1)$\boldsymbol{P}=\begin{bmatrix}\frac{1}{\sqrt{3}} & -\frac{1}{\sqrt{2}} & -\frac{1}{\sqrt{6}}\\ \frac{1}{\sqrt{3}} & \frac{1}{\sqrt{2}} & -\frac{\sqrt{6}}{6}\\ \frac{1}{\sqrt{3}} & 0 & \frac{\sqrt{6}}{3}\end{bmatrix}$;

(2)$\boldsymbol{P}=\begin{bmatrix}\frac{1}{\sqrt{6}} & \frac{1}{\sqrt{2}} & \frac{1}{\sqrt{3}}\\ \frac{2}{\sqrt{6}} & 0 & -\frac{1}{\sqrt{3}}\\ \frac{1}{\sqrt{6}} & -\frac{1}{\sqrt{2}} & \frac{1}{\sqrt{3}}\end{bmatrix}$.

7. 略.

8. $\boldsymbol{A}=\begin{bmatrix}1 & 0 & 0\\ 0 & \frac{1}{2} & -\frac{1}{2}\\ 0 & -\frac{1}{2} & \frac{1}{2}\end{bmatrix}$.

习题 5.4

1. (1)$\boldsymbol{A}=\begin{bmatrix}1 & 2 & 0\\ 2 & 2 & -3\\ 0 & -3 & -3\end{bmatrix}$, $R(\boldsymbol{A})=3$;　　(2)$\boldsymbol{A}=\begin{bmatrix}2 & 1 & 5\\ 1 & 3 & 3\\ 5 & 3 & 5\end{bmatrix}$, $R(\boldsymbol{A})=3$.

2. $\begin{bmatrix}y_1\\ y_2\\ \vdots\\ y_m\end{bmatrix}=\boldsymbol{A}\begin{bmatrix}x_1\\ x_2\\ \vdots\\ x_n\end{bmatrix}$，$f$ 对应的矩阵为 $\boldsymbol{A}^{\mathrm{T}}\boldsymbol{A}$.

3. (1)$f=-x_2^2+x_4^2+x_1x_2-2x_1x_3+x_2x_3+x_2x_4+x_3x_4$.

(2) $f=\sum_{i=1}^{n}x_i^2-2\sum_{i=1}^{n-1}x_ix_{i+1}$.

4. (1)$\boldsymbol{P}=\begin{bmatrix}\frac{2}{3} & \frac{2}{3} & \frac{1}{3}\\ \frac{1}{3} & -\frac{2}{3} & \frac{2}{3}\\ -\frac{2}{3} & \frac{1}{3} & \frac{2}{3}\end{bmatrix}$;　　(2)$\boldsymbol{P}=\begin{bmatrix}\frac{2}{5} & -\frac{2\sqrt{5}}{15} & \frac{1}{3}\\ \frac{1}{5} & \frac{4\sqrt{5}}{15} & -\frac{2}{3}\\ 0 & \frac{\sqrt{5}}{3} & \frac{2}{3}\end{bmatrix}$

5. (1)$\boldsymbol{C}=\begin{bmatrix}0 & 1 & 0\\ 1 & -1 & 1\\ 0 & 0 & 1\end{bmatrix}$；　(2)$\boldsymbol{C}=\begin{bmatrix}1 & 0 & -2\\ 1 & -1 & 0\\ 0 & 0 & 1\end{bmatrix}$.

习题 5.5

1. (1)正定；　(2)负定；　(3)正定.

2. (1)负定；　(2)不定；　(3)正定.

3. $-\sqrt{\dfrac{5}{3}}<t<\sqrt{\dfrac{5}{3}}$.

4. $0<t<\dfrac{4}{5}$.

自测题五

一、1. -110；

2. $A_{11}+A_{22}+A_{33}=\dfrac{1}{6}+\dfrac{2}{6}+\dfrac{3}{6}=1$；

3. $\begin{bmatrix}1 & 1 & 2\\ 1 & 1 & 1\\ 2 & 1 & 3\end{bmatrix}$；

4. $ac+bd=0$；

5. 秩为 4，正惯性指数为 2，负惯性指数为 2，符号差为 0.

二、(1)(D)；　(2)(A)；　(3)(D)；　(4)(D)；　(5)(A).

三、1. 所给矩阵记作 $\boldsymbol{A}$

(1)$\boldsymbol{A}$ 的特征值为 $\lambda_1=\lambda_2=\lambda_3=-1$

对 $\lambda_1=\lambda_2=\lambda_3=-1$，所对应的全部特征向量为 $k\boldsymbol{p}(k\neq0)$，$\boldsymbol{p}=\begin{bmatrix}1\\ 1\\ -1\end{bmatrix}$；

(2)$\boldsymbol{A}$ 的特征值为 $\lambda_1=5,\lambda_2=\lambda_3=-1$

$\boldsymbol{p}_1=\begin{bmatrix}1\\ 1\\ 1\end{bmatrix}$，$k\boldsymbol{p}_1(k\neq0)$是对应于 $\lambda_1=5$ 的全部特征向量.

$\boldsymbol{p}_2=\begin{bmatrix}-1\\ 1\\ 0\end{bmatrix}$，$\boldsymbol{p}_3=\begin{bmatrix}-1\\ 0\\ 1\end{bmatrix}$，$k_2\boldsymbol{p}_2+k_3\boldsymbol{p}_3(k_2,k_3$不同时为 0)，是对应于 $\lambda_2=\lambda_3=-1$ 的全部特征向量.

2. **A**,**B** 是相似矩阵. $\boldsymbol{P}=\begin{bmatrix}-1 & -2 & 1\\ 1 & 1 & 0\\ 1 & -1 & 0\end{bmatrix}$.

3. $x=3$.

4. $\boldsymbol{A}^n=\frac{1}{2}\begin{bmatrix}1+3^n & 1-3^n\\ 1-3^n & 1+3^n\end{bmatrix}$

5. $a=b=0$.

四、略.

参 考 文 献

[1] 同济大学数学系.线性代数.5版.北京:高等教育出版社,2007.
[2] 苏德矿,裘哲勇.线性代数.北京:高等教育出版社,2005.
[3] 费伟劲.线性代数.上海:复旦大学出版社,2007.
[4] 吴赣星.线性代数.2版.北京:中国人民大学出版社,2007.
[5] 王尚平,李艳丽.线性代数.2版.北京:机械工业出版社,2007.
[6] 赵树嫄.线性代数.北京:中国人民大学出版社,2008.
[7] 杨万才.线性代数.北京:中国人民大学出版社,2008.
[8] 惠淑荣,刘利民,李喜霞.线性代数.长春:吉林科学技术出版社,1998.
[9] 丘维声.简明线性代数.北京:北京大学出版社,2002.
[10] 鲁春铭,丰雪.线性代数.北京:中国农业出版社,2013.
[11] 同济大学数学系.线性代数.6版.北京:人民邮电出版社,2017.